给你爱的软实力

夏景 著

金城出版社
GOLD WALL PRESS

图书在版编目(CIP)数据

给你爱的软实力 / 夏景著.—北京:金城出版社,2011.11
ISBN 978-7-5155-0250-2

Ⅰ.①给… Ⅱ.①夏… Ⅲ.①情感-通俗读物 Ⅳ.①B842.6-49

中国版本图书馆 CIP 数据核字(2011)第 210855 号

给你爱的软实力

作　　者　夏景
责任编辑　雷燕青
开　　本　880 毫米×1230 毫米　1/32
印　　张　8
字　　数　180 千字
版　　次　2012 年 1 月第 1 版　2012 年 1 月第 1 次印刷
印　　刷　北京凯达印务有限公司
书　　号　ISBN 978-7-5155-0250-2
定　　价　28.00 元

出版发行　**金城出版社**　北京市朝阳区和平街 11 区 37 号楼
邮　　编　100013
发 行 部　(010)84254364
编 辑 部　(010)84250838
总 编 室　(010)64228516
网　　址　http://www.jccb.com.cn
电子信箱　jinchengchuban@163.com
法律顾问　陈鹰律师事务所　(010)64970501

序 钓鱼真功夫

我有个朋友，很痴迷钓鱼。只要说到钓鱼，他总能讲得兴致勃勃，头头是道。

每年光买渔具，就花费不少。时间付出，更是毫不吝啬。因为常常用到周末，甚至影响到家庭和睦。

对不爱钓鱼的人来说，这项活动确实没有什么特别吸引人的，一坐就是大半天，有时候，天气不好，气温也低，竟似乎还是钓鱼的好时机，就见他披着雨衣，傻傻呆呆望着水面，鱼杆一动不动，他也一动不动。

乐趣何在?

他哈哈笑，不在其中，不知其乐啊。

嚷嚷着要为大家普及知识，先从各种钓鱼的工具讲起：手竿、浮漂、坠子（又分大小）、主线、子线。

又讲不同的钓法：长钓、打窝、大小坠子钓。

还有地势：斜坡、平川、河杈、树下。

气温不同，鱼情也大不相同，钓法也应该不相同。气温高时吃口很好，很适合钓灵敏法，下顿现象也很明显。到了低温时候，鱼吃口很微弱，适合钓钝法。

听得人直呼大开眼界，原来竟有这么多学问，难怪他会越钻越入迷。

说着，还将口袋里的相册拿出来，给大家看。都是他钓成功的鱼，有大有小，数量还不少。

有人就问他，要学会钓鱼，最需要是什么？

当然是鱼竿，他说，还要有鱼线、鱼钩、铅坠、浮漂等。现在的钓鱼工具，都很先进，还有电脑全自动钓鱼器呢，更敏感、更准确、用起来也特别方便。

还有鱼饵。鱼饵也分好多种，不同水域的鱼，爱吃的鱼饵都不相同。

哟，都全自动了，那还不是一钓一个准？

朋友说，这话就老土了。渔具或是鱼饵呢，最多算是硬件。有不少人拿着高级鱼杆，却钓不到一条鱼，还直抱怨鱼不好呢。

那硬件不管用，管用的，又是些什么呢？

天气、气温、地势、光线、对鱼性的了解，统统都是软件，当然，还有更重要的一环，那就是心性。一副好心性，比什么都重要，几乎是钓到鱼的关键。

你想啊，如果你不急不躁，就能有耐心，找到最合适的水域。如果你心情平静，就能长时间地守着钓竿。还有，如果能以之为乐，就不会为空竿愤愤不平，一走了之。

朋友的话，让我想到很多。

在世纪佳缘，有很多朋友，希望能找到属于自己的那一半。

用钓鱼来做比喻的话，当我们的相貌、身家、学历、工作这些硬件，堪称一流，却迟迟“钓”不到一条“鱼”时，是不是也有埋怨过“鱼”的时候？

在我看来，能不能像我的这个朋友一样，也多在软件上下下功夫？增强爱的软实力，就是教你在爱情中，为自己加分百分百爱的指南。

第一，无论失恋、热恋、苦恋、迷恋，都保持一个稳定的情绪，这是让你拥有成熟情感的第一步。

第二，都说人以类聚，物以群分。当你将视线过多放在对方的硬件上，自然忽略了和你共通的价值观、生命观、爱情观，而这，才是能否走到一起的关键。

第三，对分手的看法、性观念是否健康，也常常是寻爱过程中，得分失分的重要环节。当你在亲昵与敬畏中，找到合适的落脚点，你的人格魅力，也必提升。

最后，软实力，当然还包括对幸福的坚守与珍惜。

稳定的情绪、相同的价值观、身心和谐、对爱的呵护，就是鱼性、环境和那一副恬然的好心性。

它们是钓鱼成功的软件，也是你“钓”到真爱的真功夫。

如果在情场上，你想了解钓“鱼”诀窍，那么就去看看我这本书吧，一定会大有收获的。

本书作者夏景写于2011年7月21日

目录

第二部分　明确爱情观，努力同步爱

第三部分　两情相悦时，健康魅力爱

第四部分 真情需守护，领悟幸福爱

第一部分

稳定好情绪，拥抱成熟爱

既是人，就有七情六欲。

因为爱你，所以紧紧看住你，是私。

因为你是我的，所以你要听我的，是霸。

因为我无能，所以你要有出息，是欲。

因为离开我，所以你不再是好人，是仇。

那么多喜怒哀乐，疯狂放纵，只因爱、爱、爱。

理性、豁达、宽容、自在，做一个情绪达人吧，成熟的爱，就离你不远了。

爱哭的男人很可爱

叫吉吉的女孩子，长着一张娃娃脸，说起话来，快言快语。

见不得慢性子的人，谁慢就跟谁急。不过生气或高兴，也都只是一阵风。

25 岁，家里亲戚介绍她认识了男朋友，是个相貌清秀，品质优良的男孩子。喜欢帮助人，喜欢运动，没有不良嗜好，不打游戏不抽烟，连扑克牌都不会。吉吉很满意，因为，打从青春期起，她就想找这么一个好青年。

现在这样的男生，真的很少了。

大多是小小年纪，就做出流氓老大的样子来，要么爱吹牛，要么特自恋，还有什么都不懂，无知装有为的。说点精神层面的，就讪笑，抽烟喝酒泡夜店，个个都很拿手。

吉吉认识男友的第二天，就被他拉去看一个他从小学时，就开始照顾的孤寡太太。他拿老太太当自己的亲奶奶，每个周末都会带去一堆吃的，用的。这么多年了，老奶奶有个头疼脑热的，都是他带去医院看。

吉吉感动坏了，觉得这男孩人品真不错，百里挑一，不，千里挑一。

巧的是，男生也很喜欢吉吉，两人一见如故，立刻进入了热恋。

到今天，已经认识两年多了，吉吉还是觉得，男友什么都很好，真是让她满意得无话可说。

但是——凡事都有但是。

男朋友有个臭毛病，爱掉眼泪。这让吉吉忍无可忍，甚至想到了分手。

平时在一起，如果吵架或是闹别扭，最先哭的，肯定是他。人家都说，恋爱中男生要多哄哄女生，才会觉得甜蜜。偏偏，气极败坏的吉吉，还没有开始抹眼泪，他已经泪珠在眼睛里打转，一副林妹妹的可怜相。

结果，就因为总是男友先哭，弄得吉吉成了罪人似的。有时候还哭得泣不成声呢！吉吉能怎么办？只好伸出手，揽住他，给他个肩膀，让他哭完再说。

刚开始恋爱时，矛盾不多，男友偶然示弱，吉吉还觉得新鲜又有趣，母性大发，忍不住要保护他，疼惜他。可时间长了，见他一掉眼泪，心里就特别不是滋味。她想，我这是在找老公呢，还是在找儿子呢？

有一次，约会结束后，男友送她回家，路上遇见个流浪小狗，看见他们，自来熟地跟在了两人后面。男友给了它一点吃的，那小狗更不离开他了。他就抱起来，说送给吉吉养。

吉吉一点也不喜欢小动物，凭什么要送给她养啊？他做好人，然后图省事，这有没有天理呢？

男友说，他单身，住宿舍，养狗不方便。他让吉吉送给妈妈，反正她老人家闲在家里，不如养条狗好了。

可吉吉的妈妈，整天忙着唱歌跳舞，哪里有心情照顾小狗？

吉吉不肯，他就和小狗一起眼泪汪汪地看着她。她心一软，接了下来。

果真，妈妈不要，说吉吉从哪里带来的，就送到哪里去。过了几天，吉吉偷偷又把狗扔了（说实话，她也很内疚啊）。等男友知道吉吉干了什么后，又是大哭一场，还好几天不理她。

最近，让吉吉想到了要分手的事情是，和几个朋友一起去看电影，演到中间，男友就哇哇哭起来，动静闹得还有点大，结果几个女朋友都借着屏幕的微光，看见了他脸上淌成小河的泪水。

吉吉丢人地无话可说。

她说，男友不哭的时候，人挺好。也特别爱笑，心地很单纯，一点没有现在很多男孩子身上的坏毛病。说话聪明，体贴人。本身是做技术工作的，单位收入也都不错。

可是这个爱哭的问题，该怎么办呢？他也说，会改会改。可就是管不住。都说男人有泪不轻弹，他怎么这样啊？

人们常常会为笑容而喜欢某个人，却不知道，眼泪，其实也会带来好感。

有一次，我坐国际夜航，机舱里安安静静的。突然间，听见有抽泣声，就在身边，不由让人吓一跳。

是一个40多岁的大男人，个头又高又胖，正在看机舱屏幕放的电影。也许是戴着耳机，哭声这么响，他却并没有任何感觉。周围终于有别人听见了，纷纷转过头来看他。

这才发现失态，连忙拿手背抹眼泪。

有人笑了起来，看他的眼神，却是喜欢的。

一个男人，看着电影，也会无法自制地掉眼泪，至少，不是个冷酷的坏人吧。而且，这个年龄了，大家都以为，心里一定磨起了老茧，哪里知道，竟然还这样易动感情。

电影放完，已经到半夜两点多。前面的人起身上厕所，路过他时，会伸出手拍拍他的肩膀。我心里说：嘿，这眼泪外交，还真不错。

因为，敢于在人前掉下眼泪的，至少说明，他（她）的内心，是开放的，是易感的，是不需要过多隐藏的。不管因悲，还是因喜，甚至也许你会觉得那泪水掉得不值又廉价，可是，我们的心，却常常只能因为泪水，才有被冲刷和被清洁的机会啊。

看到吉吉这么坚决地要跟男友分手，我真是忍不住地要替她着急，很可能，她会错过了一个非常可爱，并且值得去爱的男孩。

人们喜欢男人笑，却没有想到，欢笑和眼泪，本是一体的，都是出自同一个易感的器官。没有人特别能笑，却体会不到忧伤。

如果，真有这样一个人，见人就笑，就乐，幽默话说个没完，但却从来也不掉眼泪，无论大庭广众下看电影，还是躲在角落里独自一人，他就是掉不小来一滴泪。

那么他只有两种可能：一，他平时的笑，是假装出来的。二，他那笑，也是苦恼人的笑。

我们都喜欢听见笑声，不喜欢看见泪水。可是欢乐到极点，也会笑出泪水。啼哭之中，也会变为巧笑。哭和笑，实在是平常又平常的情绪表达，尤其在亲密的人面前，掉眼泪，那不正好说明，他对你完全敞开了心扉，希望你能见到最真实的他。

只有那些很少笑，也很少哭的人，才知道自己没黑没夜地，在隐藏着什么。内疚，自卑，矜持，害羞，自以为是……

真的，全都不是什么健康的情感。

你太好，我不配

爱情中，要不要为自己打造一些装备，要不要扛上兵器，学点防身术，或悄悄在身后，藏瓶胡椒粉，穿双尖头皮鞋？

有人会说，真心相爱，就该敞开心扉，坦诚相见，只有无私奉献，才是真正的爱，哪里还会想到动用兵器？

可是，看了伊路的故事，也许你就不会这么说了。

32 岁的她，是我曾经一个老同事的女儿。过年时，一家人来海南度假，父母带着女儿，踏海浪，吃海鲜，女儿跟在父母身边，虽已年过30，可看起来，那份对父母的依赖，就像中学生一样。

我悄悄问伊路的妈妈，还没有结婚，有男朋友了吗？

老同事点点头，长长叹口气，说了句："一言难尽啊。"

原来，伊路读大学时，经历了人生的初恋。从那以后这10 多年里，就一直没有走出这个男人的"怪圈"。同事和丈夫，也不知道这算什么，苦口婆心的对女儿讲过无数次，偏偏，伊路就是逃脱不掉。

两人恋爱时，伊路20岁还不到，那个男生，有非常好的口才，特别会甜言蜜语，人也非常的精明世故。别说他比伊路大好几岁，就是比她小，也能将伊路控制得死死的。伊路迷恋上他，不能自拔。两人谈了两年多，中间突然插进来一个女孩子，于是男生掉转了方向，跟别人走了。

说老实话，分了手，同事夫妻俩，反而如释重负。他们不喜欢那个男孩子，依过来人的眼光，一眼就能看透对方的所思所想，他们认为他太油滑，甚至可以说人品不好。但伊路看不穿啊，她就喜欢他哄她。

可是分手没一年，他的女朋友出国了。男生突然成了空窗，于是有点小小的不甘心。他反过头来，又来找伊路，说其实自己一直忘不掉的是她，希望她还能跟他在一起。

伊路心软了，真的就跟男生在一起了。

这个男生在国外的女友知道了，给伊路打来电话，一边质问，一边告诉她，如果这一切都是真的，那么她们两个，都被这个男人给玩弄了。因为就在前一分钟，男生还在电话里对她信誓旦旦，要天长地久呢。

这个女孩子，明显比伊路有骨气，二话不说，就跟男生分手了。男生却怪罪起伊路来，认为是她走漏了消息。于是，再次离她而去。

25岁那年，朋友介绍伊路认识了另一个男孩子，那是个做丈夫特别合适的人，非常踏实、认真、负责。就在两人深入交往没多久，这个前男友，又一次找上门来。

据说复合的场景，还很有戏剧性。两人是在一家快餐店里遇见的，那时，前男友已经成了年近30的大男人，一听说伊路有了意中人，已经谈婚论嫁了，眼泪就掉了下来，一把攥住伊路的手，哭着求她，千万别离开他，好像这么几次，都不是他先离开她的。

原来，这一阵，他又失意了，生意遇到惨败，正在走投无路之际，急需被人安慰。

伊路的父母，此时已经完全对这个男人失去了信任和好感。他们说，他只是用伊路在疗伤，因为这个世界上，只有伊路是不跟他计较的。

伊路说，那有什么不好，不正好说明我是爱他的吗？

可是对一个不懂得爱是什么，只会利用别人的人来说，这样去爱他，又有什么用呢？

果真，三个月后，男人在另一个女人那里，找到了翻身的机会。他二话不说，立刻离开了伊路。

伊路的妈妈说到这里，气得脸色铁青。

最可气的是，就在几个月前，伊路和那个男人，又重演了一遍曾经的故事。他这次是因为婚姻失败而重回伊路身边，现在的伊路，年岁已大，没有这个男人，也没有别的男友了。

她对他寄寓了希望，希望他从此能真的如他所说，守着这一辈子，对他唯一好的，比他妈都对他好的女人身边。

可是半年不到，他脸上的神情，又有了变化。这次没有跟伊路说拜拜，到底年龄大了，学会低调了。他这次的分手词，说的是："你太好了，我不配。"

我想起最近看的一个电视剧，里面有一对男女，早年因为贪钱，男人抛弃了女人，多年后男人成了大款，将钱也看得没有从前那么重了，痛悔不已，只想跟那女的重续前缘。女人除了让那男人出力出时出钱外，就是不肯松口，答应和好。

是浪子，都有回头的那一天，身边的女人，却没几个能做到影视剧里的一样，一边占尽便宜，一边口诛笔伐，一会儿恩断义绝，一会儿缠绵悱恻。可是偏偏，浪子只好这一口，经历了风风雨雨，看多了人情冷暖，皮肤上像是长出了一层层厚厚的角质，纯净的婴儿油早已无用，非得有砂纸一样心肠的女人，来来回回地打磨、刮蹭、锉铲，才可能让他露出庐山真面目。

伊路单恋了N年的，就是一个浪子。这么多年，浪子也曾有过两三次回头，每次都在他人生失意的时候，或被别的女人骗，或是生意受了挫，带着走投无路的神情，来到她的身边。一段时间里，他只守在她的身边，喝她煲的汤，穿她洗的衣服，听她讲述这么多年不变的情怀。

然后呢？

重震旗鼓后，他走了。他还是那个浪子，注定要伤害她离开她。她呢，一心觉得自己爱得壮美又伟大，只是他不懂赏识。

把心赤裸裸地露在外面，捧给他看，期望着他能因这份毫不设防，而感动而改变，真是幼稚糊涂啊。他从前可以漠视你的深情、天真和纯洁，以后当然也可以。

真相是，他走到了人生的低谷，急需有人安慰，给他力量，于是攀附着女人无私的爱，在包容和照顾中，养精蓄锐，整装待发。

等到春暖花开，重新开始，他用一句俗得不能再俗的话，就与她轻易分手：你太好了，我配不上。

浪子的本质，是不甘寂寞平庸的，与他相配的女人，又怎能寡淡无味。说穿了，他终会离她而去，只是因为平凡的好女人，不具备让浪子回头的能力。

单恋那么多年，数度被抛，确实可怜，也值得同情。该恨，当然也有理由去恨，可是，自己就没有一点责任吗？

总是看不清对方是怎样的人，他靠近她，是因为自私，还是想要给予？

为什么他总是不顺时就回到她的身边，得意时却从来不肯与她分享？

总是完完全全地相信他，帮他助他等他，还以为这样的爱很伟大，却从未想过自己是盲目又糊涂？

从孩提时代起，父母就会告诉我们，远离脾气坏的小男孩，爱哭的女生，少去招惹她。老师情绪不高，最好乖巧一点，舅舅打牌输了钱，不要问他要糖吃。这些招数，看似简单，实含深意，它是在教育我们，与人交往，要有最起码的自防意识，会一点察言观色，才不会给自己招来麻烦。

这一点点的人情世故，其实就是人生在世的装备和兵器，无论交友、拜师，或恋爱结婚，都需要它们，不仅能帮自己进退自如，也是为了更好地认清对方，从而更积极有效地达成友情或爱情。

正像浪子的“你太好，我不配”，那也是他的兵器和装备。

童心女人

还记得《格林童话》里，那个叫玫瑰公主的故事吗?

王后生下非常漂亮的女儿，国王举行大型宴会。

特地邀来所有的女巫师，让她们为他的女儿送来善良美好的祝愿。偏偏，他忘记了一个。

女巫师们，给小公主送来了美德、美貌、富有……把世人所希望的，世上所有的优点和期盼都送给了她。当第11个女巫师为她祝福之后，那个没被邀请的女巫师走了进来。

她非常愤怒，献上了恶毒的咒语，大声道：“公主会在15岁时，被一个纺锤弄伤，最后死去。”

所有在场的人都大惊失色，第12个女巫师立刻走上前说：“但公主能够化险为夷。她不会死去，而只是昏睡100年。”

国王为了不让女儿遭到不幸，命令将王国里的所有纺锤都收上来，全部销毁。随着时间的流逝，女巫师们的所有祝福都在公主身上应验了：她聪明美丽，性格温柔，举止优雅，真是人见人爱。但恰恰在她15岁的那一天，公主发现了一个从没有去过的房间，一个老太婆忙着纺纱。公主好奇地拿起了纺锤，咒语应验了，她沉沉地睡去了。

100年过去了，有一位王子踏上了这块土地。一切都静得出奇，连自己的呼吸都清晰可闻。终于，他来到古老的宫楼，推开了玫瑰公主在的那个小房间的门。玫瑰公主睡得正香，她是那么美丽动人，他瞪大眼睛，连眨也舍不得眨一下，看着看着，禁不住俯下身去吻了她一下。就这一吻，玫瑰公主一下子苏醒过来，她张开双眼，微笑着充满深情地注视着他，王子抱着她一起走出了宫楼。

你有没有想过这个故事的寓意？

是公主，才有这样的特权，被深深地保护起来，不用受到外界的打扰。可是终有那么一天，她躲不开命运的袭击。于是，她必须在一次痛苦的沉睡当中，才能完成苏醒的成长，

玫瑰公主这个故事，对叫小麦的女子来说，就像是她的真实写照。

从小，她就很爱唱歌，有事没事，嘴里总是哼着唱着，她没什么可发愁的事，父母都很疼爱她，都是平凡的普通人，从不会给她什么压力，她成长得自由自在，既不自卑，也不骄傲。

只是，她从没有过象样的机会，可以登台，并得到众人的赏识。

于是唱歌，只能是业余爱好。

遇见他，正是由于她的这一爱好。他夸她歌声甜美，清脆动人，就像单纯天真的小女孩，一下就深深地俘获了他的心。

哪个女人，会不爱听这样的赞美呢。说你可爱，说你单纯，说你天真，潜台词就是，你大可以放心地依赖他的高大，稳重和成熟。

于是，两人相恋了。

恋爱时，他果真处处赞美，惊叹于她的童趣，她的小情调，她的小脾气，她的小感觉，她的小闲情，是的，这些词

的前面，都要加上“小”，因为它们和她的童心，正好相配。

结婚的时候，他对来宾说，我要一辈子疼爱我的小妻子。

那时，他看她的眼神，是绝对的欣赏和留恋。

可是，她毕竟不是城堡里长大的玫瑰公主，他编织的童话梦，也并不能真的就此将她囚禁在永远不肯长大的花园里。

一次单位联欢，她上台唱了一曲，立刻引起了轰动。原来单位里还有这样一个文艺骨干啊，以后要表演节目什么的，就不用发愁拿不到奖了。

为了她，工会特意组织了一个合唱团，她做领唱，遇到节日，或是行业内的活动，他们单位里就可以有让人眼前一亮的节目了。

她很高兴，能有这样的机会。既满足了爱唱歌的愿望，又很有成就感。

可是，丈夫对她的抛头露面，却一百个不愿意。

他看着她站在一群人的最前面，穿着鲜红的低胸长裙，飚到高音时，手势和表情，气吞山河。

这算什么呢？哪里还有一点小女人的味道？

可是，歌唱表演，却唤醒了她深藏内心，并不总是甘愿服小的那部分情愫。她不仅越来越着迷于登台表演，对丈夫夸她像个孩子，也充满了反感。

她是女人，30多岁了，别再这么说了，好不好？好像多傻似的。

两人的口角多了起来，猜疑也多了起来。一年后，她经受不住诱惑，有了外遇。丈夫受不了这个打击，一夜之间，他对她的称呼，从小可爱，变做了老妖精。

婚变，让小麦突然明白了什么。她意识到自己做错了，但错的根源，并不是因为唱歌，而是那么多年，她一直没有给自己成熟的机会。

她真的拿自己当了童话里的公主，被动地接受着保护和关心，从来没有想过，一个小小的纺锤，也可以让她昏死过去。

她和那个男人，断绝了暧昧的关系。报名参加了歌唱培训，拿唱歌当作爱好，滋养着平凡的生活。

后来，她见到了各种各样的人，经历了命运的潮来潮往，她不再年轻漂亮，处世越来越稳重，性格越来越沉静。有一天，突然有个男人，看着她说："我发现你很可爱，天真而单纯。"

她明白，此时此刻，这样说她的人，才是真正明白什么是拥有宝贵童心的人。

如果有男人，会当着众人的面，夸某个女人，像孩子一样，可爱、单纯、充满童心，那很可能，是一种爱的表达。

因为在他的心里，将她弱化了，他把她放到了自己内心最柔软、最需要关心和保护的一个地块。

现在的女人，个个精明强悍，处处要占男人的上风。职场、交友、升迁，和同事相处，哪个不是见风使舵，欺软怕硬？

想要见到她们的童心，并不容易。有人可能会装傻，会说俏皮话，会算不清账，会不认路，会见了人脸红害羞，做饭洗衣都不行……可是，这样就可以说是童心吗？

在成人世界，"童心未泯"，绝对是一大大的褒义词，真能保持有一颗童心，并能做到潇洒自如的人，生活中其实并不多见。多见的是佯装：装做天真烂漫，装做一问三不知，装做不计较不在乎。

一旦被情所伤，经济受困，立刻满怀仇恨，偏执固执，谁劝也不肯听，完了还说一句，人家就是像小孩子嘛！

这是偷换概念。所谓童心，并不是真的就像小孩子。

因为性格像孩子，其实谁都可以做到，孩子的特点，无非是乐也容易，哭也容易，情绪无常，见风是雨。

所以宝贝，你爱哭爱笑，说话嗲嗲，不负责任，丢三拉四，情绪不稳，那不叫童心，那叫不成熟。

我们所说的童心未泯，是人生历炼之后，依然保有“容易快乐”这个特质。

在西方人看来，“容易快乐”，是上帝给特别的一些人的礼物。

有些人天生比较简单，看人看事比较浅白，快乐也就来得容易一些。还有些人智商很高，可容易恨，容易计较，其痛苦会比一个平静的蠢人更多。

更多的人，却要经过艰难的心智努力，才能趋近“容易快乐”这个境界。

快乐、简单、积极、好奇，日常生活中，并不太难做到。遇到重大挫折，不怨怼，不仇恨，依然努力保持快乐和安详，才算是真正拥有了一颗童心。

童心很美丽，也很脆弱，它需要呵护，更需要学习。

再大的难关，伊不仅能一笑置之，还能恩泽他人，我们谓之为童心女人。

相生相克

有没有想过，生活中的很多人和事，是无法相融的，就像水与火、天与地、生与死。

忠厚老实的，难免谈吐无趣；细腻温柔的，怎能胆大包天；好名好利的，不可能喜欢清净；朋友满天下的，肯定缺乏知己。

这些相互矛盾的性格、品质、行为，贯穿在我们的生活当中。当我们内心明晰时，就很容易知道需要什么。得到什么的同时，必然也会伴随着得不到什么，但如果对自己的需要，不是很清楚地知道时，就很容易，为得到的不满，为得不到的，而疑惑。

叫老明的这个男人，就是如此。

两年前，他见到了成为妻子的她。

那一年，他37岁，她比他小了16岁，刚刚20出头，还是个天真任性的小女孩。他很喜欢她，虽然觉得年龄有点差距，有时候说的话题，还有代沟之嫌，可还是跟她相恋了。

她很依赖他，在他的面前，展现出完全的娇纵、天真、无拘无束，仿佛知道自己的可爱，是对方无条件喜欢的，所以特别放松，说话做事，无论想做什么，都不假思索。老明那时候，很享受小女孩的烂漫，无形中自己也变年轻了。

姑娘呢？就像对父兄一样地需要着他，无论精神上，还是物质上，都完全需要他的照顾和呵护。

那时她还在读大学，和同学闹矛盾了，考试不及格了，开会迟到被批了，对她来说，都是大事，都足以掉眼泪、伤心、发脾气。而他，总是要哄着她，给她买东西，或是带她出去玩。

老明自小功课出众，本科读的是国内最好的大学，后又出国读硕士和博士，还在国外工作了很多年。因为心思全放在了学业上，加上在国外时，身边女孩也少，就没有考虑个人问题。直到回国后，找到一份稳定高薪的职业，才开始将结婚提上议程。

因为喜欢这个女孩子，认识半年后，他就提出了结婚，她还没有毕业，听到结婚，又惊又喜，那神情，也有好奇和刺激。

那时的老明，无比喜欢她的幼稚和单纯，觉得很有趣。可是一进入婚姻，随着家庭生活的渐渐展开，他发现自己选择错了。

她不怎么体谅人，也很少有明理温柔的时候，不管他每天工作有多忙，都得他哄着她，时时要将她放在第一位，这让人很累。而且，她不会打理日常生活，不会跟老明的朋友或客户言语合体地交谈，无论在什么场合，都要当那个最受宠的，一被忽视，就满脸不高兴，说些气话。

本以为有了孩子，妻子的小孩性格会好一点，哪里知道反而加倍。她不愿意为儿子付出丁点辛苦，总是不开心，说太累，而且生命没有意义。让她出去工作，也不肯，还是怕吃苦。

在这样的情况下，老明认识了清。她大了他3、4岁，是个成熟稳重且坚强的女性。离异单身，带着孩子一个人生活。在她那里，老明找到了一直渴望从女性那里得到的关怀，觉得离不开她了。

可是，跟清结婚，却显然是不现实的。

一来她比他大，相貌也远不如妻子，还带着孩子，在世俗的眼光里，老明如果这么做，是会被亲友嘲笑的。

二来清离婚多年，感情生活也很丰富，交往过很多男人，这让他打心底不能接受。

他曾想过，如果妻子，能有清一半的大度和善解人意，也让他无话可说。因为有这样的遗憾，又对清怀有愧疚，使他的私生活变得有些混乱。在这个期间，他还同时交往着两个女性。

他也不知道自己要寻找什么，而且，这和他多年来对自己的严格要求背道而驰，心里并不觉得快乐。

在我看来，这就是老明对人性中，无法调和的一些特性，没有认识清楚。

中国的古人，很早就提出过相生相克的理论，认为世间万物，因其属性不同，皆有阴阳，它们有依赖、有制约、也有对抗。

兔肉忌芹菜，蜂蜜忌鲫鱼、螃蟹忌泥鳅……这些食谱，被人们当作生活常识，小心地记下来。

却很少有人想到，其实在我们的性格、命运、心境、甚至择偶中，也有着那么多的相生相克。

再讲两个故事：

一，有个年轻人，一直找不到合适的对象，说起来，他的条件也简单，无非三条：A，文静贤淑。B，精明世故。C，清新脱俗。

他自己觉得，比起那些非天仙妹妹不娶的，可通情达理多了。

二，我有一个经商的朋友，很多年里，都背负着赚钱的压力，总是担心自己会落在人后，虽然衣食无忧，也有不菲的收入，心灵却没有一刻安宁。

母亲的去世，让她受到震撼，想到生命的短促，想到为了赚钱，抛掷在脑后的那些梦想、愿望、和自己喜欢的事情，觉得需要做一些改变。

生意放下了，不再拼命一单一单去做、去争，而是花更多时间，和家人在一起，旅游、读书、唱歌、还拿起放下多年的画笔。

一点点地，像奇迹般，她的心境，开始发生了变化。恐慌感渐渐远去，安全感悄然到来。

她发现，物欲强烈时，内心根本不可能平静。

是啊。

一个精明世俗的女孩子，如何能有清新脱俗的气质？物质欲望蓬勃、一心要出人头地的人，其内心怎么可能会安详又自在？

正如老明的妻子，相差太多的年龄，自然不会有与之相配的成熟；情人呢，其善解人意的背后，必然有着相应复杂的阅历。

非得经历一些甘苦，看到一些爱恨，学会一些进退之后，才能知道，生命中总会有一些牵制、缺陷、亏损、无奈，让你无法心想事成、面面俱到。

它们在令人遗憾的同时，也在告诉你，这才是人生，充满了相生相克，此消彼长。

这就是我们的人生，我们要学会拥有了这一部分，必然意味着失去了另一部分。

乞丐是没有权利选择的

安玫结婚很早，大学一毕业就进入了婚姻。婚后第5年，丈夫去外地出差时，嫖娼被抓。

公安局的电话，打到了她的单位，要她尽快出钱保人。那时手机还没有普及，找她的电话，先打到领导那里，又转到办公室，而且，仿佛故意要让大家都知道，无论谁接，都先将来龙去脉，讲一遍。等到安玫拿到电话时，知道这消息的，已经有好几个人了。

她一边问情况，一边擦眼泪，又想躲，又怕被人看出狼狈。

那一刻，死的心都有了。

受不了这个羞辱，没有过半天，她的单位、丈夫的单位，就已传遍了。等一领回丈夫，她就提出了离婚。

气头上，连孩子也没有要。

当时想得很简单，尽快找一个人再婚，而且最好能远离是非之地，去一个没有人认识自己的地方，重新开始生活。

没想到，却难而又难。

虽然还算年轻，相貌也不错，但要找到可以与之结婚的人，却并不容易。她看上了对方，别人却不愿意娶二手女。别人愿意找她，她又嫌弃对方条件不够好，不是性格太粗，就是读书太少。

那时她的想法是，结婚是女人的再次投胎，第一次就没有投好，第二次绝不能再随便乱投一气了。

等遇到第二任丈夫时，她已离婚7、8年了。

这个男人工作不错，除了这点，似乎再无其他。安玫肯与之结婚，只是因为这么多年，觉得累了。

动机不纯，结果肯定不好。结婚半年后，她就发现，男人竟还一直将自己包装成单身，依然在四处征偶。

正巧，她自己的单位效益严重滑坡，很多人都开始找新的出路。安玫孤注一掷，辞去工作，再次离婚，来到了上海。

这时，她已年近40，一切要重新开始，甚至不惜，从最简单的工作做起。

招聘员工的人，都忍不住问：“为什么，这个年龄，还要出来闯荡?”

她忍住辛酸和眼泪，装作若无其事：“体验生活呗。”

现在的男友，就是因为这句话，对她留了心。

他是她的同事，也曾离异过。相同的经历，让他对她多了一份同情和理解。

从工作关系，到情人关系，中间也有很多起伏。可是这次，安玫已和从前大不相同。岁月、经历、挫折、动荡、让她彻底地失去了平常心。

一想到他可能会离开她，或是他在她不知道的地方，做着她不知道的事情，哪怕只有一分钟，她也会感到极度地不安和恐惧。

只想每分每秒，都跟他在一起。想跟他结婚，想知道他的一切，不仅包括心里正在想的，还包括说不出口的潜意识。

于是，她总是神色慌张，魂不守舍。所有的心思，都放在那个男人身上，她需要不停地知道对方的消息，他在哪里，跟谁在一起，在做什么，有什么好玩好笑的吗？可以过来陪我吗？或可以让我过去找你吗？

手机、衣服口袋、QQ、邮箱、衣柜、各种发票……都是她需要随时监控掌握的，一旦对方不高兴，她就会闹到歇斯底里。

40岁的女人这样痴缠，只会让人觉得心酸吧。

可是生活中，我们不是遇到过很多类似的女人或是女孩子吗？

一旦和另一个人，发生了关系，产生了感情，就再也无法忍受片刻的分离和孤独。如果对方说要离开她，甚至她会用自杀来威胁。

有很多人，包括当事人自己，都常常以为，这样的情绪，正是一种极度的、纯正的爱。甚至还有很多人，会为此而感动得流泪。

可其实呢?

其实这不是什么爱，而只是依赖。让自己像寄生虫一样地，将对方当做了寄主。

没有了那个人的关心和照顾，人生就不完整了，以至再也无法正常生活，让对方完全控制住了自己，这似乎和爱的感觉，差得远了一点吧?

真正的爱，是必有自由的成分的，至少是可以让自己和对方，都能自由呼气，酣畅吐纳的成分吧?连这点都不能给对方，还谈什么爱呢?

如果，让这种依赖的感觉，控制住了一言一行，或是一切的感受和需要，这种爱，是不是就差得远了?

在心理学上，如此狂热地依赖一个人，是一种人格失调的病态。

它会让人彻底变成端着碗钵，沿街乞讨的乞丐。让你所有的心思，都放在如何获得对方的爱上，哪里还精力去爱别人呢?

如同乞丐，只想着从别人那里，讨要的食物，而无法拿出食物，去帮助别人。

看上去，她们的依赖，来自于爱。可其实，对方却在无穷的被索要中，再也无法感受到她能给予的爱情。

所以，这也是为什么，我们常常看到，一方追得越紧，另一方反而逃得越快。

因为没有人愿意总是和一个吃不饱的乞丐，走在一起。

如此情感关系，貌似热烈，实则脆弱。她们其实并不在乎依赖的对象是谁，就像乞丐，只要有人可以提供给他“食品”，就能心满意足。因为她们建构感情的目的，只是为了填补内心的空虚。不管和什么男人交往，她都会爬藤一样地，将对方缠住。逼迫对方表白，一刻也不愿意分开。

巧的是，当这样的情形出现时，对方常常能敏锐地发现这中间的不正常，能感受到被紧缠的窒息，而不是让人舒畅自在地爱。

于是，他们往往会选择逃跑、争吵、关机、出走、告别、分手。

于是，一段让外人看起来，挺缠绵的感情，就这样结束了。

人们会骂那个逃跑的人，却没有想过，纠缠的这方，才是谋杀爱情的元凶。

现在，安玫的男友，就处于逃跑的阶段。很多人都劝安玫，他想走，就不要他好了，跟他分手，离开他，再找个更好的人，有什么不可以？

安玫说，不，如果他不要我，我就再也找不到别人了。

看来，她其实知道自己是乞丐的。

因为乞丐没有选择的权利。

现在，你愿意做个爱的乞丐吗？

自足的女人，不会情绪化

一个男性读者，向我抱怨，说他看不懂女人。

他说，自己33岁了，结婚也近四年，孩子两岁多。

大学毕业后，留在北京工作了好几年。无奈父亲病重，需要他回家照顾。于是，他就回到了家乡所在的小城市，找到一所中专，当老师。

这时，别人给他介绍了她。小他两岁，没有稳定的工作。

她性格活泼，相貌清秀。因为当时两人岁数都不算小了，所以都抱着结婚的目的，从一接触，就有明确的结婚意图。

认识半年后，就订了婚。

为了结婚有点钱，他除了在学校里多接课以外，还在外面兼了两份工做。每天晚上都要十点才能回家，也没有了周六和周日。

她呢，则在一个小超市里做营业员。

婚后的第二天，她就跟他发脾气了——怨他赚钱太少，不能让她在家做太太。

她一生气，就会讲很难听的话。生气也很容易，毫无征兆地，突然就会大发雷霆，无非是说他没有本事。

还怨他不给自己面子，朋友聚会时，也不过来帮着买单。

孩子半岁后，她因一次发怒，扔了儿子给他，回了娘家。没几天，他就得知，她跟一个有老婆的包工头跑了。

一年多过去了，前不久，她竟然回来又找到他，给他道歉，原来是被那个男人抛弃了。

不说她没有出这事，就是换以前，每天吵吵闹闹的，他可能也会要求离婚的。因为分开的这段时间，他彻底想明白了她是个怎样的女人——他们在一起并不合适。

何况，他已经断了再成家的念头。

他说，他现在很害怕女人的情绪化，看见女人发脾气，就会想到歇斯底里。他说，是不是女人真的都是情绪化的动物？

在这故事中，女人的情绪化，是和钱有关的。钱能让一些人控制不住情绪，变得歇斯底里，不过对情感、人际关系、地位……严重依赖，其实也会带来情绪化。

暂且就说说钱吧。

这个世界，每个人，对钱的看法，真的是大不同。

甲女口袋里从来也存不住半毛钱，奉行今朝有酒今朝醉。即便只剩20元，也要在路边摊买串珠子，只因莹莹灯下，璀璨如真。

乙女看法则完全不同，平生所有快乐，就是看见账户上的钱数一点点增加。每一个铜板，都用在刀刃上，非吃不可或非用不可，才会掏出腰包。

甲女从来不肯省，乙女从不愿多花。人各有志，只要按着自己的方式来行事，都能快乐无比，无可厚非。

最痛苦的，莫过于骑墙派。

条件不够，却要充阔。扔出铜板，又嫌肉痛。为拼一时风光只好长久懊恼。

但这却并不算最坏，最最痛苦的，莫过于将赚钱花钱，都寄托在他人身上。一旦用钱不过瘾，不检讨自己赚多赚少，却大肆指责身边之人。

这样的女人，人数并不在少，特点有三：爱物质，爱享受，爱攀比。

金钱，几乎已成伊的生存信仰，幻化成流在血液里的情感因子。相比起爱家庭，爱丈夫和爱孩子，爱钱，当然重要得多。

这种人，往往又分两种。

一种是自小受穷，因窘迫尝够了不好受的滋味。自卑求成的过程中，人格添加了过多的曲折，势利和贪婪，都过了头。

另一种人，并没有受过穷。无奈原生家庭中，却有爱钱如命的父母。耳濡目染，成为今天这副模样。

总要在物质世界中，才能得到安全感。偏偏自身能力却又不够，于是惨上加惨，对钱的依附之外，又多一层对他人的依附。

一旦不被满足，就指桑骂槐，歇斯底里。对这种女人，说情绪化算是客气，加一句精神有病，其实并不为过。

将欲望寄托在他人身上，是件险而又险的事情。寄情之人，欲望会水涨船高，被寄之人，谁能保证一辈子肩挑手提不会累？

所以这个世上，并没有哪个人，愿意做他人的救世主。被寄予厚望的，就成了他这样逃之不及的男人。

幸好人生所有遭遇，更多是为了被唤醒，而不是接受惩罚。经历磨折同时，也会饱尝温馨。妻子虽然不忠，但有孩子安慰。大可不必因此对天下所有女性，甚至婚姻生活，产生幻灭之感。

要知道，有很多女人，认定只要身体健康，胃口好，睡得甜，收入稳定，又有志同道合的伴侣，就是成功的人生。

她们也有百宝箱，只是箱子里并不装别人送的金银珠宝，存折股票，而是一张文凭，外加勤劳双手。从不凄凄惨惨，悲悲切切，因为没有时间。

无论物质，还是心灵，都能自给自足的女人，大有人在。正因为自足，做人待事，才会特别平实安宁，丝毫也不情绪化。也许表面看来，读书、工作、赚钱、养家，吃了不少苦头，可是其中欢乐，只有她们自己知道。

男人有这样的老婆，何其幸哉。只要他肯耐心去寻，一定就能找到。

别做疯狂的老南瓜

动画片《灰姑娘》的故事里，失去了母亲，父亲又离开家去外地赚钱做生意，只能在家里，受继母和两个姐妹气的女孩，除了一身破旧的衣服，和母亲坟边安慰她的小鸽子，再什么都没有。

母亲的墓地上，长出了一株小树。她摘下一根小棍，带在身边。小鸽子对她说，这是母亲送给她的一根魔棒，她需要什么，挥挥这根小棍子，就可以了。

灰姑娘要去宫殿参加舞会了，没有马车怎么办呢？于是魔棒一挥，地边的老南瓜，瞬间变做了金光闪闪的漂亮马车。

她立刻坐上去，直奔皇宫，让每个人，都看到了她的美丽。

可是，这金马车，却是有时效的，午夜一过，就又变回了老南瓜。

她呢，还是那个匍匐在灰堆里，干不完活的小可怜。

是不是有很多人，在生活当中，遇到痛苦和坎坷时，都会希望，自己的手里，也出现那么一根小棍，只要手一挥，就能翻过这悲惨的一页，瞬间进入金碧辉煌？

就算仅仅只能维持两三个小时，就算时间不长，又会回到痛苦的现实，也比什么都没有要强。

这很像是婚姻中出现了问题的某女士。

那时，丈夫的工作刚有起色，她呢，则刚刚离职，一心只想做个幸福的全职太太。

突然却发现他在外面有情况，还是和夜总会的小姐们。

被发现了，男人并不觉得做错了什么。他反而振振有辞，说自己身不由己，要养家，要养儿子，要养一分钱也不肯赚的老婆，就非得那样。

只有同流合污，才能混水摸鱼，捞到自己想要的东西。

有了这番“混水论”的支撑，丈夫越发大胆放肆。她则一时心懒，没有认识到问题的严重性，在最开始的时候，放松了对他的要求。

他一夜未归，她就装做什么也不知道，干脆不闻不问。

因为担心自己太严厉，会影响到他的工作。毕竟男人在外打拼，也不容易，如果其他人都那样，他故做清高，会失去朋友，在他人眼里评价不好。

就这么一日一日，没有了约束，男人的胆子，只有更大。两年后，堂而皇之地包了二奶。是个刚毕业不久的大学生。

她呢，什么都知道，连他们的住处电话都知道。儿子半夜生病时，她甚至会将电话打过去，让那个姑娘叫他回来。

和丈夫，她从来也没有正面谈过这件事情。两人已很少有交流，也很少见面。偌大个家，比会议厅还孤冷。

他会对她说，钱不会少她的，只要她需要，他自然会给她。但也通过说别人的事情，间接地威胁过她，说如果想离婚，他的财产，她是拿不到几个钱的。

女士很无望，内心感到痛苦无比。但看在他拿钱还比较多的份上，一直忍着。

3 年的时间里，她一直在酗酒，渐渐从不喝就没法入睡，到一大清早起来，就必须喝几口，才能意识到新的一天开始了。

10 岁的儿子，眼神里充满了恐惧和担忧，即便她醉着，看到孩子，也会很心疼。

几乎每天都沉浸在酒里，自己完全不知。有一个白天，不知不觉中，喝下去两瓶后，她才意识到，可能出了大问题。

在两种情况下，才会觉得人生还比较好过。一是将醉未醉，意识不清之时，甚至那个时候，还能有一点点高兴和快乐；还有就是，看到丈夫给她的卡上打来钱时，也会觉得生活还不算太坏，有时还能觉得这样也不错。

但这样的时候，终是非常短暂。大部分时候，痛苦、仇恨、绝望、伤心。

不幸福，没有丝毫的幸福感。

以后该怎么办？实在是不知道、不知道、不知道。

酒醒之后，痛苦无比沉，无比重，觉得自己像羽毛，丝毫也承受不住。可是自己好想死了，孩子怎么办，有一个酒鬼老妈，总比没有妈要强吧？

在这里，酒精或金钱，就是灰姑娘的那根魔棒。只要转一转，就能遮掩住不想看到那部分丑陋，给婚姻披上和平的外衣。

魔棒本身是无罪的，正如某女士睡前的酒，丈夫打到她卡上的钱，它们最多只是生命过程中的一种激素，却不能像自身机体中的血液、细胞，会主动地去新陈代谢。

所以，她才会酗酒上瘾，他依然风流成性。

金马车总要变回老南瓜，不是吗？

从古到今，幸福之路都是蜿蜒曲折的，聪明人常常会用一生的耐心和悟性，且思且行，去寻找其中的真谛，领悟过程中的欢愉。

如果仅仅靠酒精，或是金钱，就能找到幸福，那这个世界上，怎么还会有如此多不快乐的人呢？

当所有幸福和快乐的感觉，依赖于外界的某人，或是某物，而不是靠自身的努力获得时，暂时忘却烦恼之后，人会对依赖的人或物，更容易上瘾，还会变得贪婪而失控。

一旦供应不上，甚至会引来更痛苦的症状。

酒和钱，这个时候，很可能只能坏上加坏，加剧对婚姻和幸福的破坏。

每个人都有追求幸福的权利，而且追求的方式，也各自有所不同。但有一点，我们都要注意，那就是要小心幸福之路上的魔鬼。它会带着你走向表面看起来鸟语花香，实则暗藏危险的地方。

其实，幸福是有规律的，我们每个人，要获得幸福，都得遵循那个规律。

它需要付出艰辛的努力，要经过痛苦和冷暖。它会在一个瞬间，如花朵一样，绽放在心田。它的表现形式，并不是狂喜、得意或满足，而是朴素绵韧，香甜过后，舌尖依然有着未散的酸辣辛苦。

他拿钱换取家庭的平安，她拿酒换取经济的稳定。表面看，这是利益交换，而且也还算实惠经济。但内心的不适，却因长久存在，积怨成疾，不幸福的感觉，越来越影响到正常的生活。这就说明，酒和钱，并不是一个好的解决方法。

何况酗酒上瘾，还会影响身体、情绪，和工作，当她成了真正的酒徒，他要离开，理由自会非常充足，别说良心如何，看客都会站在他的一边。

老南瓜就是老南瓜，除非醉眼惺忪，才会拿它当作金马车。为了一时的安宁，出卖整个人生，这样的老南瓜，只好说，是一只疯狂的南瓜。

为什么这么容易受欺骗

这是电视里演的。

一个男人，一般这样的故事都会有一个男人，还有一个女人——也都会有一个女人。他们都是成年人了，而且岁数也不小了。

男人对女人说，自己单身，想再婚，女人很是欣慰。

于是两人结婚，结婚证是男人去领的，说有熟人，可以找关系快点办。然后就住在一起了。

当然是住在女人这里，因为男人的生意出问题了——在这样的故事里，男人的生意都会出问题的，然后就要钱，要很多钱，去解套。女人就给，不仅有自己买房子的钱，还有老母亲的养老金、亲戚朋友的钱——都借给了男人。

然后，紧接着，男人就失踪了。女人这才想起男人说过自己的父母住在哪里，其实也不远，但当初不是急着结婚吗？就没有去认过门，可能心里还想最好少跟公婆打交道，否则还得照顾他们或给钱——现在去了，婆婆一脸莫名其妙，儿子有老婆有孩子，没听说离婚再婚的事啊，你是哪根葱？

女人慌了，再查结婚证，果真是假的。

女人给电视台爆了料。电视台开始追踪这个男人，终于在茶肆里找到，男人一口否认女人所说的所有事情，只说自己和她有过一腿，但这算什么，人人都这么干！钱？没有拿，别说几十万，几十块都没有！

幸好女人手里有张借条——男人瞥一眼，啐口痰，说："你伪造！"

记者穷追不舍，不谈钱的事，只要男人说说对这女人的看法。男人望着天花板想半天，总结一句："谁知道她这么好骗，一把年纪了。"

第二个故事，年轻的女主角很漂亮，初恋是大她8岁的粗鲁男。后来她读大学，进城市，渐渐想和男人分手。男人不肯，只要求跟她最后欢娱一场。两人到了宾馆，男人使出浑身解数，欢乐之余，竟说服女人拍了裸照。女人以为这是深情的爱的表达，没想到过后被男人要挟，要求继续交往。女孩不肯，男人不放。两人纠缠之间，男人杀了女人。

事后记者问男人，为什么想到会拍裸照。男人沉默良久，说："不知道她这么好骗，居然主动宽衣解带。"

真是巧得不能再巧，刚看完这两个故事，第三个故事，竟在身边上演了。

是一个读者，通过我博客里的邮箱找到我，发来邮件，问我是否认识一个叫赵××的男人。

我想起这是我大学时的一个同学，就说认识。她立刻追问我，这人现在有没有消息，她正在四处找他，就差报警了。

我诧异，赵同学恰巧和我在同一个城市，最近还在一起吃过饭。连忙给他电话，他听完莫名其妙，说从来也不认识我说的这个湖北读者呀。

看来一定是中间有了误会。

再问，果真，这位女性读者，发来的相片，完全和我的同学，是两个人。

他对你怎么啦？

几乎不用多想，似乎也知道出了什么事。有被骗的，当然就有骗人的。

她说，这个男人，跟她在网络上认识，两人谈过共同认识的作家，竟然谈到了我。于是，他脱口而出，说是我的同学。正巧，那段时间，她正在看我的一本书，无形中，就对那个男人，有了好感。

两人一来二去的，开始了交往。

男人给她吹嘘，说自己在中央某情报单位工作，认识很多高官要员，而且正要提拔，说不定很可能会去湖北她所在的城市，当一名重要领导。

无奈人到中年，情感却一直不顺，找不到真正相爱的灵魂伴侣，很是郁闷。

女读者开始并未往自己身上想，因为他们岁数相差有点大。可架不住“赵××”热烈追求和表白，也渐渐动了心。

他去湖北看她，送了她很多礼物。她也去北京看他，住在他的出租屋里——房子地段和品质都不好，可是他说，因为自己身份特殊，要掩人耳目。所买的别墅，又离市区太远，不方便带她参观和玩耍。

听到这里，可能但凡有点常识的，都会为这么幼稚的谎言而发笑吧。

可是她却全都相信，并且觉得和这个男人在一起，备感幸福。

最主要的是，有了这一层“关系”，那她不是从此就可以飞黄腾达了吗？

既然他这么有权有势，那不如先让他帮自己调动个工作好了。

男人拍着胸脯，立刻就说没有问题。只是这个社会有规则，你就要遵守。送钱打点，总是需要的，对不对？

于是，一来二去，10万元送了出去，情报人员却对她说了一声，要去国外执行任务，然后就失踪了。

我问她，你为什么没有一开始认识他时，就问我这个问题呢？

或者，给他寄去第一笔钱之前，或是之后，问我呢？

她说，因为自己从没有怀疑过他身份的真实性。

我猜这个男人，很可能是在我们班级的同学录中，找到“赵××”的名字的。可想而知，他们在聊天伊始，他就有了欺骗她的打算。

他一定也没有想到，竟真的会有女人，这么好骗吧？

这些好骗的故事，因为被媒体曝光，又有杀人元素，还有情报特工，算是骗中精品。其实，生活中，还有不少“这么好骗”的平凡故事呢。

只消对相貌平平的她说两句殷勤话，她就投怀送抱。真是奇怪，难道她家镜子是反的？

只消告诉她自己又赌输了，可能会坐牢，皱皱眉，落两滴泪，她就会主动贪污公款送钱给他。都说女人胆子小，怎么比男人还不怕坐牢？

只消说三个月后就跟老婆离婚，她就会跟他上床，同居。还为他洗衣做饭，他病了输血给他，以为从此同根同心。她这么多情，怎么就不晓得对方的老婆和她一样也是女人，哪个女人愿意接受情场失败？

……

世情就是如此。

女人软弱、感性、盲目、易醉……一旦被男人骗，真正是有眼无珠，不给自己留一点空位，一古脑扎下去。

千万别急着再婚，至少要认识对方的父母朋友们之后。

千万别拍裸照，任何一张裸照，都是最好的把柄。

千万别以为自己美若天仙，除非你是芙蓉姐姐。

千万别替男人抹污点，除非你当自己是抹布。

千万别相信他会为你离婚，离婚也只因他自己过不下去。

那骗你的人，不是因为他们骗术高强，只因你太好骗，做人的常识都会忘记。反而害他吃惊，对你的智商失去信心。

——不过，女人总是喜当受骗者的。她的心事便是：有人骗总比没人骗要强；被一个男人追着骗，总比自己追着去骗两个男人有面子。

抱怨性别如何能救

美剧《欢乐合唱团》里，16岁的女孩子，老气横秋地说：同样一件事情，男生可以拿10分，女生最多只能拿7分。

当着一群女同学的面，历数做女人吃亏的地方：要怀孕，要生子，要带孩子，工作之余，还有家务，有了出人头地的想法，常常还会受到鄙薄、讽刺和打击。

小小年龄，已然感受到男女不平。

真是让人心疼，又心寒。

为什么独独她会这样？因为其他女孩子，并没有她这样的感受？

原来，她怀孕并离家，因为做少女妈妈，在学校里受到冷眼。

是不是，当性别不平的意识，突然变得极其明显时，往往意味着，自己对当前的自己并不满意？

37 岁的秦姓女子，说起来还算当年，但她却总是情不自禁地说道，越来越觉得自己是个错误。

这个错误，如果追溯到源头的话，可以说是出生就带的。就因为是女人，才会一直不顺，内心才备受煎熬。

她是家里唯一的女孩子，按理说应该受到照顾，可从小到大，却总是被两个哥哥欺负，惹得她爱哭爱掉眼泪、处处胆小怕事。

这样的性格，直接影响到了她以后的发展，学习、人际交往上，她总觉得缺乏自信。四五年级时就想，如果自己是个男孩，该有多好，就可以跟着哥哥们一起玩耍了，她也能快乐很多。

中专毕业，别人介绍她认识了现在的丈夫。她很像她的大哥，所以从见到第一面，就有了亲切感。他却不是很喜欢她，而且对她也明说过。

只是一直又没有别的适合的结婚对象，带着不很情愿，或是凑合的心态，跟她结了婚。

接着就是生孩子，带孩子，家务越来越多，做饭洗衣拖地，日复一日，没有任何变化，连心情都没有任何变化。夫妻感情越来越淡，不知怎么的，一晃也十几年了。

秦姓女子，几乎已经可以看到自己的未来了：等孩子长大，他再结婚，做奶奶，带孙子，帮他做饭洗衣拖地，又是日复一日……

她怨恨道：女人的天地，是不是只有这么小？

因为是女人，在工作单位，也很难有出头的机会。一个财务处十几个女人，最后做处长的，竟是个没两年的小男人。男人们每天可以有机会在外面玩，心里丝毫没有愧疚，但女人，有几个可以做到？

她说，这个世界，对女人真的是不公平的，做女人，实在是一点意思也没有。转眼快40岁了，心里很是恐慌，过了40，做女人肯定就更难了，甚至连男人的客气，都可能没有了。

当然，世上也有一些光彩夺目、拼死和男人抢食的女人，但她们和她离得实在太远，甚至激发不起她的任何羡慕。而且，打心眼里，她觉得她们也很可怜，拼拼杀杀，一样会受男人的气，一样会因红颜渐老，而不再风光。

于是，长叹一声，做女人，何乐之有？

其实，我们在生活中，不是也常听到有女人抱怨说，做女人很吃亏，男女不公平，重男轻女太可耻的话吗？

而且，有时候遇到需要公平待遇的时候，就会特别敏感，失落时，自己也会骂几句男人，来解心头之恨。

或是，遇到晋升、外调，需要长时间离家的机会，也会衡量再三，能不能舍得孩子，放下家庭，一走了之。扔掉机会，走不开时，也会对自己是个女人，生若干闲气。

但大部分女人，并不会真的认定男女不平，就是人生悲剧。不公之事，处处都有，并不只在性别。不公之中，寻找平衡，或是有利自己的出路，这才最重要。

同样身为女人，看到女人发泄做女人难的牢骚，确实难过。

时代变化这么多，早已没有人要求女人非得出嫁、做家务、生孩子、带孙子、操心、勤俭、苛刻自己……

放眼望去，活得精彩潇洒的女性大有人在，赚大钱、做高官、周游世界、男宠无数、穿着精致，因为可化妆打扮，受人慕妒喜爱，很多女人逢人便说，下辈子还要做女人。

甚至不少男人，也欣然变性。

做人有没有意思，并不在于性别。

有大把怨气的男人，一样不少：工作累死累活、有泪不能掉、生活压力大、没钱屁也不是、个子太矮、情感不顺、生个女儿就对不起父母、兄弟姐妹都要操心、明明是真感情却被骂做是花心、有点抽烟喝酒的小爱好，却处处遭受白眼……

女人怨言多多，社会并不谴责；男人啰里啰嗦，还要被人嘲笑。所以真要说活着不易，应该是男人。

生活得好，或是不好，统统在于自己的感觉。要是因为结婚，才越发觉得女人不幸，那么需要检讨的也是婚姻，而不是性别。

是否对方不够体贴，或交流不顺？是否自己对婚姻生活准备不够充分，以至觉得无力承担？是否工作动力不足，家庭生活又觉平淡，影响到生活热情，最后只好归罪于身为女人？

已经成年，还在为性别而遗憾不满，是否有点太天真无邪、不谙世事了？

无论男女，来到人世，不过是为了完成自己不同的使命而已。高兴了多做点，不高兴少做或别做。30多年前，女性就已登上了珠峰，若是真想要胸怀天下，谁也不能阻拦得了。

如此自怨自艾自卑自轻自贱，还有什么自尊可言，一定会自作自受，终日郁郁寡欢。

天天怨声载道，毫无创意，必然被周围之人所厌恶，做事做人只会越发困难，造成恶性循环，日子更加艰涩。

我们当别人的老婆，做别人的母亲，是因为喜欢当，老实说，不让当，还会有点不舒服。做老婆，做母亲，以至做奶奶，都是世上乐趣之一，纵使天份有限，做不好，可还是有乐趣在里面。否则何必一做这么多年？

清平世界，自由社会，人人都是自己的主人，做女人做得如此怨尽怨绝，大可转行，另谋高就，或变性做男人，或离开家庭，进山去做尼姑，路还是有很多，只要不犯法，哪种选择都能心安理得。

若无能力找到更爽的生活，则应庆幸还有家可以回，还有老公孩子可以抱怨，不如高高兴兴，敬业乐业。

有很多女人，虽然各人行事风格不同，可对做女儿、做老婆、做母亲、做明星、做工人、做农民，做老师，都很热衷，绝不抱怨怀才不遇，只懂孜孜不倦，努力向上。这样的女人，是我们的榜样。

101个钓金龟的办法

宁晓也曾年轻貌美过，但无奈岁月无情，早被后起之浪毫不留情地拍死在了沙滩上。偏偏同居3年的男友陆景天却似患了语塞症，迟迟不提婚姻之事。

宁晓感觉自己站在悬崖边上。只盼着陆景天良心发现，进而求婚。可是女友却斩钉截铁地说："这样的可能，只有2%！"

"为什么？"宁晓可怜巴巴地问。

"有女人帮他洗衣，帮他做饭，却不用尽婚姻之责，难道不是舒适又自在？结婚，他何苦来哉？

最最可怕的还不是这个，而是语塞男也有春天。

两人一起去参加朋友的婚宴，突遇一年轻貌美性感火辣的女孩子。20出头，打扮得妖艳惑众，摆明了要将新娘的风头压下。

宁晓这才发觉，陆景天的语塞症突然痊愈了，他口若悬河，眉飞色舞，还对女孩子比比划划，说到兴起，甚至还做鬼脸。

过了两天，宁晓豁然发现陆景天在跟这女子短信来往。

宁晓暗自垂泪，好像已经看到自己的模样：无趣、憔悴、刻薄。

最丢人的是，她还未婚。如果已婚妇女变成这样，大可谅解，说不定还能赢得全世界的同情，一个未婚女子，未老先衰，香艳不过外面的野花，即便穿上性感丝袜，也是徒添乏味而已。

终有一日，陆景天说有事不能回来。宁晓一路跟踪，竟发现他喜孜孜傻呼呼地坐在那女子的写字楼下等她下班。那女子见到陆景天，只管趾高气扬，并不拿他当回事，他却一路小跑，低声下气地追在后面。

现在傻子都懂，女人不能赤裸裸地逼婚，对方没有想结婚，女人主动要求，明显让自己处于下风。但什么也不说，当然也不对。

幸好此刻，女友杀将过来，快刀斩乱麻，甩出三点建议，并信誓旦旦，三步走完，不信他会不求婚！

女友说的第一步，是要先将他父母支开，让他离开你后，没有地方可去。最好让他住到公司里去，其次是朋友那里寄住。回父母家里，效果会打折扣，因为他妈妈伺候他只会比女朋友伺候得更周到。

第二步，找一个对方完全没有防备的时刻，比方晨爱，比方他正在刮胡子，比方他刚打开电视，比方两人刚坐下来准备吃饭时。态度要柔弱，神思要恍惚，就好像你也是刚刚想起来，只是这想法让人放不下，问问他，是否应该结婚了。

对方一定迟疑，不要慌，沉住气，接着，和颜悦色地告诉他，如果你不愿意结婚，那我们只有分手。

不要听他解释，也不用再多纠缠。给他一句话就行，分开后我们都想想，好吗？

第三步，给他带上你的相片，当他住在办公室，或是朋友那里，洗澡不方便，吃饭不按时，半夜做噩梦没人倾诉，胡子没有刮，袜子忘记换时，他除了拿着相片，想你，还能怎样？

宁晓说，懂了，结婚这事，得需要女人先挖个坑，然后让男人掉进孤独、寂寞、无趣、无人照顾、失去支持、心慌意乱、窘迫无助之中。

宁晓冲回家中，将陆景天的东西塞了大包小包。她当然早就看清，陆景天摆明了只是一厢情愿。人家女孩子，最多拿他当追求簿上的一个数字，闲暇时间，将他当做娱乐话题讲给人听。心比天高的她，又怎么可能看得上他？

她快刀斩乱麻找到了一家旅行社，电话过去，问了个仔细，三下两下，又在网上交付了定金。接着，她给陆景天的父母打去电话，亲自送他们出门旅游。

早上起床，宁晓趁陆景天还没醒透，打他个措手不及，说："我们在一起三年了，对不对？"

陆景天嘴里吃着面包鸡蛋，喝着橙汁，点点头。

宁晓做柔弱状，说："那你有没有想过，娶我？"

陆景天嗓子噎住了，眼睛瞪大，望着宁晓，一片茫然。

没关系，早在预料之中。

宁晓快速扭身，进了卧室，接着拎出昨天收拾好的两个包，递给陆景天："好吧，如果没有想结婚，再这样耗下去，毫无意义。我看还是分手好了。"

被扫地出门的陆景天，这才发现父母出远门旅游了。只能等二老回来再说。

无地可去，朋友们大多已婚，没有结婚的，也有了自己的生活。住到谁那里去，都不方便。只好在办公室里支张床，暂受委屈。

坐在床上，唉声叹气。摸摸宁晓给他收拾的包，碰到一硬物，拿出来一看，是精美相框，相片中他和宁晓，肩并肩，手拉手，坐在沙滩上看大海，晒太阳。旁边有书、有伞、遮阳霜，还有饭盒，里面装着宁晓准备的精美小吃。

再看宁晓，三点式，皮肤那么白皙，肩膀瘦瘦的，齐耳短发，眼神安静清澈。让陆景天说不出的踏实。

再伸手去摸，又是硬物，拿出来，却是一个杯子。那还是两人刚同居不久，陆景天送给宁晓的生日礼物。特意去找的礼品店，将自己和宁晓的名字刻在上面，画了心，画了玫瑰，画了星星和月亮，总之，只缺没有画鸳鸯消魂帐了。昏头涨脑中，他还写了这样的话：一生一世，一世一生。

事实是，第四天，男人就回来找宁晓了。

这个故事告诉我们，被求婚，和求婚一样，都是需要计谋和策划的。

戴上戒指的那一刻，宁晓嘴角露出的得意，上帝看了都会骇然。那么多钓金龟的办法，为什么就没有这么一条呢？

让男人陷入窘境，如果他不想结婚，还能想什么？

爱财心切，情必凉薄

一个叫灰云的女网友，和丈夫闹离婚，已经两年了。

起因是丈夫有了外遇，而且发生在她刚生完孩子的期间。那时，她全部精力都放在儿子身上，哪里会想到，他竟然会跟别的女人在一起。

不止一次，带着可疑的香水味回家。而且，竟还会去抱儿子！

她沉住气，悄悄弄清一切，捉奸在床。

仇人相见，分外眼红，她实在太恨那个女人了。可是怎么恨，竟然都不敌对丈夫的恨。一想到他结婚才几年，就毁了她的幸福生活，和对未来的憧憬，心里就像有大火燃烧。

不止一次想抄起刀，将他杀掉。也想过趁他在家的时候，灌醉他，然后将他推下24层高的楼。

可是她终不敢下手，知道这样做是犯法。

丈夫却似乎并不知道，灰云会这么恨他。他还是时不时地住到那个女人那里去，只是偶然会回到家里。他要让灰云给他时间，说那女子性格刚烈，他必须用拖的战术，才能将她甩掉。

他想得超级简单，道了歉，认了错，赚到的钱，也都拿回了家，这不是诚意，还是什么呢？

灰云对他不理不睬，却并没有提出离婚，只是不辞辛劳，放下一岁多的儿子，又重新返回公司，再次开始忙碌、艰辛的职场生活。

他无数次对灰云提出，想跟她和好如初。只要她停止冷战，给那个女人一笔钱，他就会回到家里，他们可以像从前一样，前嫌尽释地，过上快乐的日子。

灰云不答应，她很少再跟丈夫说话，只要他回家，她就躲开他。更不给他任何谈判的机会。

也许做丈夫的，还在暗自得意，心存侥幸，以为自己手段高强，轻而易举地，就摆平了家里家外。

这么一拖，就是两年。700多个日日夜夜，心里怀着仇与恨，并不好过。说起来，只是因为钱而已。

灰云的打算是，要将丈夫公司里所有的资产、家里的所有存款、房产，都弄到自己的手里。她不会甘心，让他离开她后，依然可以舒服安逸地生活，或者还可以再娶新欢，并生养孩子。

正因为这样想，所以灰云才能隐忍两年。

她高价雇佣财务人员，除公司一份工资之外，自己再给对方出一份。高价雇佣私家侦探，搜集可以将丈夫置于死地的所有证据。

这个过程，非常煎熬人。一方面，她不能让丈夫看出端倪，另一方面，越是解决不了，她的脾气就越是暴躁，几句话后，必然大吵。即便在公司，大家也知道他们不能坐到一张桌子前。

丈夫却想当然地认为，她之所以这么长时间，并不真的跟他离婚，还是旧情难忘吧。

可是灰云说，她早就没有一点点所谓的旧情了。内心的仇恨，让她只想让他身无分文、流浪街头。

毕竟今后，是她带孩子，这钱也是留给儿子的。所有关于离婚的理论不都这样说，只要为孩子好，怎样做都不为过？

她做得隐秘，复仇得辛苦，不知道什么时候，才能达到目的。一日一日，内心怀着如此大的仇恨；一日一日，却又得坚定忍耐，不乱阵脚。这样的日子，什么时候才是个头呢？

灰云的做法，是不是你也曾见？

或者，即便没有类似的真人真事，在身边发生过，但听到这样的故事，就会觉得，灰云的做法，并不过份，血债要用血来还，情债呢，当然要用钱来还！

钱，在现代社会，已成为人们做什么，或不做什么的任何借口。

正因为这样，我们才看到太多人的行为方式，都烙上了钱的痕迹。

爱慕虚荣的，吃根萝卜，也要讲成国宴。40元的裤子，非要人家猜成400才能心满意足。

头脑简单的，做任何事情，都以钱为标准。只要不从自己的口袋里流钱出去，无论怎样，就都算没有做错。

内心懦弱的，总是会为眼前一点好处，就放弃向往和追求。待日后回味人生时，却将遗憾归之于金钱。

……

这样的故事，这样的人生，我们见过太多太多了吧？

钱蒙蔽了世界，也蒙蔽了真实的自我。

当我们难以认清现实，或认清自己与他人时，就很容易的会将一次争吵或是疏忽，上升到赚钱多少的高度；将情感的疲倦，渲染成为钱而挣扎的悲剧；或将工作的压力、对彼此心灵变化的不解，都归于该死的金钱。

要我说，金钱有什么罪呢，要背这么多的黑锅？

其实离婚，是件需要讲清楚很多状况的事情。它让两个曾经相爱的人，变成仇人，其中蕴涵了太多的人生变故，积攒了太多的痛苦和欢乐。它本来可以让人悟到很多很多的东西，了解很多未知的情感。

它会让人明白，每一滴眼泪的落下，都绝非偶然，每一次心灵的破碎，都饱含深意。可是，为什么，就是有人，宁愿放弃认识生命的机会，却只给自己一个烂到无法再烂的借口：钱？

是不是因为有钱当借口，我们就可以彻底撒野、气急、大搞阴谋、理直气壮、不假思索？因为我们也知道，即便我们是一个不美、不善、软弱、任性、报复心重，或是有超级坏脾气的人，只要兜里有钱，就不怕没人不爱我们？

钱的悖论，可能正说明了钱的本质吧？

一方面，兜里有了钱的人才会讲素质、讲风度、讲慈善；另一方面，一个为钱而要死要活的人，也会因为钱而面目全非、身心崩溃。

动辄大发脾气，难以自控，其实不是钱的错，而是伊本来脾气就坏。

心怀仇恨，预谋钱财，那也不是钱的错，而是钱财心一重，在情感上，必然凉薄、幼稚、简单、不假思索。

人心是个容量固定的大匣子，邪念一多，善思就少。

一心爱钱的人，只会用钱来报复他人。做人做事以钱为标准，钱就是原动力、催化剂、强心针、推土机……

可是，生活中的灰云，其实并不差钱。比起大多数女人，她可堪称富裕。

她差的，正是那被金钱所蒙蔽了的，不仅救人，更能救己的善思。

不要拿坏情绪当春药

微博上，有人在说失恋的事情。

被男友甩了，气不打一处来，怎么也找不到平衡，于是抄起电话，给前几天暗示过她，想与她发生性关系的男同学。口气也颇为豪放："你就快点放马过来吧！"

立刻有回贴，问接下来发生了什么。

发生什么，这还用问。

那然后呢？

然后就睡着了，再然后，天亮了。觉得很悲剧，比被男友甩掉，更难受。

真没想到，这样一条微博，竟引起了讨论。好多人聚在一起，八卦分手后，做过的最贱的事情。

惊人的是，很多人都有和这个女孩子相似的经历。

伤心、痛苦、绝望，没有更好的办法平复心情，就拿身体出气，跟陌生人、老同学、猥琐的男同事、前男友的好朋友……上床。

可后遗症却也不小，常常是"犯贱"过后，又后悔又痛恨，一波未平，一波又起。心绪长久无法平静，甚至性格突变。

小温就是从爱情失意，一步步走向放纵的道路。几年过去，她竟上瘾，无力自拔。

在她看来，自己家境平凡、父母窝囊，身边几乎所有的亲戚，都爱抱怨生活不易、社会不公。14岁时，她就发誓，一定要离自己的父母和亲戚远远的。18岁上大学后，终于在大城市里生存下来，转眼已经30多岁，有职务、有学历、有房、有车、有不菲的收入，还有一些互有裨益的社会关系。

可感情一直不顺。

谈过5、6次恋爱，没有一个人能真正打动她，或是硬件不如她，或是脾气秉性习惯有她无法忍受之处。

想到和这些普通人结婚，就可能意味着和父母一样，鸡零狗碎，一辈子将就，气就不打一处来。

既然得不到想要的慰籍或好处，不如自力更生，自己解决。她将兴趣转移到了别的方面——她自有打发寂寞、对付无聊的办法。一些特殊的俱乐部，有专门的服务，就是针对她这样的女人的。

还有一些，是心照不宣的那种约会。就像转商店，看到中意的衣服，却不买回家，只试穿一下。小温的同事里就有不少，大家也心知肚明，不会有任何纠缠。

这样的日子，一晃已经5年了。她没法形容自己的心情，那种兴奋之后的荒凉、颓废、绝望、空虚，很多次，就像看着一根大针管，将血白白抽光。

两年前，情绪开始不稳，再也做不到心平气和、保持风度，容易兴奋，也容易焦躁，容易激动，也容易不耐烦，手下出一点差错，伤人的话立马脱口而出。

周围的女人，只被她分成两类，不是笨的，就是傻的。男人也分两种，能上床的、不能上床的。

没有朋友，没有任何可以依靠信赖的人。

荒唐的、令人动荡的情绪，都掩藏在平静的日常生活下。只有小温自己，明白事情在一步步恶化，一个人的时候，没由来的恐慌、无尽头的感伤，知道如此长期下去，对人的心灵和身体都有害。

说是爱上了一夜情，也不恰当，可就是离不开。从开始的寻找，发展到习以为常，到现在的欲罢不能。

也想过无数次结束疯狂，找一个伴，安定下来，和父辈一样，沉闷单调地生活下去。可无数次的结论是，她根本没有足够的勇气接受这样的未来。

唉，听了这样的故事，是不是比看微博，更令人惊讶？

是不是世上真的有一种春药，名叫抑郁？

据说女性靠此药物，支撑其高潮的，占据多数。

比方沉迷一夜情，或总是喜欢脚踏几条船，更或者婚后外遇不断的女性，其实都患有轻微抑郁症。

她们往往面临着感情需要无法满足、童年阴影、自我期许低下、有严重自卑感等等问题，为了逃避沮丧情绪，需要靠“谈情说爱”亦或奇特的性经历，来获得刺激。

因为抑郁，所以放纵。

尤其当事人不能自拔时，往往处在内心非常混乱的阶段。

部分病人，在抑郁初期，“性趣”会特别增加，并领会到前所未有的快感。

曾有个爱上一夜情的女子说，一旦陷入平淡生活，立刻感到暗无天日，非要靠新奇的异性，才能感觉有活力。

但后来，随着生活渐渐顺利，心情逐渐开朗之后，抑郁症不药而愈，她也就摆脱了四处寻欢的过程。

之所以需要一夜情或是发狠一样，跟随便什么人上床，来摆脱当下烦恼其实是有原因的。

一来，她可能是一个缺乏自我快乐能力的人，非要将个人快乐，建立在别人身上，才可以体会到被支持的力量。

二来，她是一个难以和他人沟通不良情绪的人。性高潮，在某种程度上，可以转移倾诉痛苦的艰难感。

三来，从人体力学的角度讲，性行为，也是一种肢体“攻击”。而生气、愤怒类似的不良情绪，总是需要向外宣泄的。

任何非正常的行为背后，都有微妙的心理因素在作怪。

见过被评价为坏学生的孩子，上课是怎么捣蛋吗？他为何乐此不疲，越挫越勇？

这是因为一个人违反道德纪律的时候，会觉得自己超越了世俗的限制，表示自己能力很棒，都比别人能干。尤其是对自己某方面不够肯定的人，常常会情不自禁靠触犯禁忌来增进自信。

一方面，对稳定的关系，不抱希望，幸福感必将有所减弱，另一方面，遇到了生活难题，却因软弱彷徨或自卑，难用正面力量去解决，只能转求于性，麻醉自己，以求暂时的解脱。

其实，偶尔吃顿鱼翅，没有关系。但顿顿吃，谁的胃也受不了。

四处寻欢，看起来轻松易行，时间渐长，无疑会加剧一个人的挫败感和无力感。

所以，一个性关系混乱的女人，很大程度上，并不是因为她魅力出众，手段高强，或是感情比别人来得丰富。如果不是为了谋求利益，可能就是状态混乱，心情压抑。

于是，只好拿坏情绪当春药，借着性，给自己注射一针强心剂。

你情迷了吗

她是一位高校教师，单身，各方面都很优秀。4年前，通过某婚恋网站，认识了一位加拿大籍华人。两人颇能谈得来，大有相见恨晚的感觉。每天都通电话或网上聊天，而且，因为有他的帮助，她的博士论文，写得很是顺利。

缺陷只有一点，男人是个有妇之夫。

有妇之夫？为何还要去婚恋网站？

只因为他跟老婆很早就分居了，关系也糟糕，婚姻可以说是名存实亡，所以他对未来，还有期盼。

但老婆有残疾，而且打死也不跟他离婚，所以一直拖到现在。

认识她以后的4年里，他每年都会回国一次，每次1个月。这1个月里，他会到她家里，跟她相聚20天左右。然后离开，再是漫长的下一年。

男人说国外离婚上法庭很复杂，残疾人更麻烦。他提出过把房子和钱（没几个钱）都给老婆，只要自由身。无奈老婆什么都不要。

他说在没解决问题之前，不想让她知道吵闹的丑陋和恶行，所以什么都不说。如果她问多了，他就说如接受不了，可以给她自由，自己很内疚之类的话。

如家里吵架了，他会说心情不好，再跟她谈论此事，岂不是没了片刻安宁？

她相信他曾经爱过自己，只是4年过去后，现在的他，已经不再说爱这个字眼了。解释的原由是，他没有身份，没有解决好自己的问题，爱怎么都说不出来。

几年来，她无数次地痛哭过，为此也吵闹不止。不知道还要拖多少年，也许终究是空。

但她爱他，真正地爱。30多岁了，他是唯一打动她心的男人，而且，觉得只有他，才能配得上自己。

爱了这么多年，当然不甘心放手。

辗转反侧，总有理由。

比方，如果放手，谁说她就一定能找到一个合适的男人呢？在大部分男人眼里，她工作好，地位高，学历也高得了不得。并没多少胆量敢去找她。而且，她跟他在一起4年了，每天都有联系，心理上有依靠，感情上有依赖，怎么分手呢？

还有，如果真的跟他分手了，但突然某一天，他突然又离了婚呢？那不是她就错过了他吗？

反过来再想，如果不放手，就这么拖着，她还能拖多少年？那种恐惧和着急，每天每夜，也是真实无比的，让她那么的痛彻心扉。

越拖大家心越累，感情也越来越冷淡。

现在的她，该怎么与他相处？最安全，最不惹他心烦的事情就是谈自己的工作，一谈感情，谈他那边办得如何了，她就是自寻死路。因为他总是说无法给她答案，他对现在和未来都没有把握。他不想让她走，但他也没有资格阻止她。

这个叫MIRAI的女子，内心有无数的矛盾。不知道当他说起老婆时，她该扮演怎样的角色。是鼓励他继续斗争，离婚不息，还是表现出温柔的安慰，或快乐的性格，让他放松心情？

和我一起，听MIRAI故事的，还有其他人。

且不说该怎样为MIRAI出主意，一大半的人，冒出的第一句话，大多是：“他根本就是个骗子啊，姐姐！”

MIRAI 当然无法接受这个说法，怎么是骗子呢？即便真的像你们所说，他根本就不想离婚，或者根本就没有什么残疾老婆；再或者，根本就不想跟我结婚；再再或者，他并不是什么外国华人，只是个无业游民，全国各地都有女友，隔一两个月，就去女友家骗吃骗喝。好吧，就算你们说的，都是真的。但那么多个日日夜夜，那些情感，总是真实的吧。

话说到这个份上，听众就有些讪讪了。既然她这么想得开，我们着急什么呢。说穿了，这个姐姐，情迷温哥华啦。她不想醒，也无力醒。

那就这么着吧！

MIRAI 让我想起了一个人。

是数学家，叫约翰·纳什。一个真正的天才，有着无与伦比的聪明大脑。20多岁时，他就发明了博弈论，这个理论对现代经济学影响深远，所谓“纳什均衡”，就出自于他。可惜没多久，他就疯了。

也许过分沉迷研究，对现实生活反而无力把握吧，他为自己幻想出了一些朋友，有欣赏鼓励他的室友，有能满足他温情的小女孩子，还有委以他重任的国防部高官。

当他意识到，这些和他朝夕相处的人，其实都是自己的幻觉后，他已经无法正常生活和工作了。

幸好此时，还有深爱着他的妻子，有一直关心着他的朋友，有真正欣赏他的同僚。于是，纳什决定，让理性帮助自己重新站起来，给妻子以爱，给朋友以信心。

纳什现在还活着，并且在1994年获得了诺贝尔奖。如果你愿意，可以去看《美丽心灵》这部电影，它正是根据纳什的故事改编的。

电影拿了奥斯卡奖，打动了亿万观众，而这是否正好说明纳什的经历，并不仅仅是一个精神病患者的故事，而是在我们每个人身上，都能看到的软弱和坚强呢？

30年后，纳什重新走上大学讲堂，在图书馆里和学生交谈。在诺贝尔领奖台上，他能幽默地拿自己开玩笑。看到这里，我想每个观众，都会流下热泪。他让我们看到了人类的伟大之处，只有人，才能在如此狂乱和绝望的挣扎之中，依然不放弃理性之光，不放弃对世界的观察、思辩和反省。

纳什是个天才，但他和很多天才一样，都有其天分所不能涉及的领域，人际交往、平凡的生活，都是他的缺陷。他用理性战胜精神疾病的过程，实际上正是这个领域缓慢成长的过程。

现实生活里，很多人未尝不会产生幻觉，尤其是爱情中，很多人都会不顾事实，塑造出符合自己需要的恋爱对象来。

口口声声说他是最好的男人，可怎么解释他背叛家庭和妻子；明明知道他没有资格谈婚论嫁，却偏偏想的正是结婚。

一段不可为而非要为之的感情，一个不可得而非要得到的男人，如果这都不是幻觉，还有什么是幻觉呢？

可生活，终不是幻觉，而且，它们常常成反比，幻象越是美好，生活就越无从把握。沉浸在不可知的爱情幻境中，日子往往会一团乱麻。幸好，《美丽心灵》这部电影，同时也告诉了我们，正常健康的生活，比起聪明的大脑、骄人的成就来，要重要很多。

每个人，都有因肉体而软弱的时候，但幸运的是，我们也都有因理性而坚强的时候。

我很想对MIRAI说，泡杯茶，浇浇花，写写论文，上上课，看看父母，做做运动，不要让20天的幻觉，遮掩住365天的真实。

也许到那时，一个有情有谊，又能配得上你的男人，会哭着喊着，将你娶走。不信？不信就看看纳什用理性创造的奇迹吧！

失恋与整容

离婚或与恋人分手在即，最想做的事情，会是什么？

有女性刊物，做一个小调查。结果是，居然有不少的女人，选择隆乳。

不敢相信，揉揉眼睛，没错，隆乳，确实放在选项当中。

至于杯罩的大小，C、D居多，E杯的，也不在少。

并不是开玩笑，也不是美容院埋伏在杂志中的广告，因为调查后面，就是正文，编辑和几个读者，一起互动讨论。

读者A，这样讲述她的故事。

今年31岁，相貌清秀，性格和顺，工作也很顺手。可以说，除了还没有结婚，解决好终身大事，其他都很满意。

有个交往了4年左右的男朋友，但时断时续，感情谈不上亲密，可是又分不了。常常是忍无可忍，发誓分手，可隔一段时间，就又在一起了。

但是这次，似乎和以前不同。

他在和她约会的同时，又交往了另一个女孩，对方是个20来岁的姑娘，不仅年轻漂亮，而且身材火辣。他可没有她这么沉得住气，一开始，就纠缠着一定要分手。

男友对她说，他也没想到会是这样的结局，但事已至此，也许只能分手了。

她不想分手，到这个年龄，大概没有哪个女人，会真的愿意分手吧。

她检讨自己，认为他出轨这事，跟她也有关系。

可能对他关心还不够，和他交流也不多。自己有一帮朋友，常常和朋友出去玩，他的业余生活，她一直参与过少，以前以为那是宽容，现在想，更是一种不在乎。

她放低身段，低声下气地保证说，肯定改正，无论怎样，看在交往了4年的份上，不要分手。

男友暂且答应。

但她的内心，却从那以后，就开始变化了。总觉得自己不漂亮，不美丽，不吸引人。想到自己的年龄，甚至会恐慌地呼吸不上来。

整容是悄悄开始的，之前先跟别人打听，后来就自己到处搜集资料，去做了解，然后主动找上门去。所有的整形医生，当然都迫不及待地推荐产品。

于是半年里的时间，她做了一次拉皮，效果不是特好，然后又打肉毒杆菌。效果也不是很好，和她想像的，总有差距。

然后又抽过脂，削平颧骨，结果生了一场大病。

男友知道后，很不高兴。说她要是再这样，他就算不为那女孩，也要和她分手。

偏偏这时，她想到了隆乳。

她的胸一直不算丰满，过了30，甚至有点下垂。想到那个火辣的姑娘，她就觉得这对乳房，不是他出轨的直接原因，至少也是间接理由。

都说现在隆胸术做得很高明，几乎感觉不出是假的，她开始琢磨，要不要去做个E杯胸，好好扬眉吐气一下。

这么说吧，即便真的跟他分了手，只要有这么一对傲人的乳房，下一段感情，至少会比这一段要让人羡慕吧？

那时，她何必还要受如此的窝囊气呢？

如果你听到这样的故事，会不会觉得，A女的话，并不是完全没有道理？

一句话，分手，被甩，或是离婚，都会给很多女性带来不自信。

而对大部分女性来说，相貌或身材上的改变，是建立自信的最快途径。

按理说，一个人容貌的形成，并不是一天一夜的问题。她能长成什么样子，从出生就早有定论，时间渐长，外貌已成了生命机体中的一个部分，如同肝脾肾脏，只要存在，就有必然的意义。

艺人的美貌，是和饭碗有直接关系的。所以很少有演员会不在乎自己的容貌和身材，但纵是如此，女演员过了30，内涵就要尽快接手。她需要通过更多的相貌平平，但性格多面的角色，来证明自己的实力。

女演员们的转型，是不是本身就在告诉着女人们一些什么道理？

如果，渴望整容，或是隆胸，仅仅是因为对方想要离婚，想要分手，那么，婚姻或是恋爱，是不是在很多女人的内心中，已成为衡量自身价值的唯一？

有了它，就意味着自信、幸福、或是人生有价值。

失去了它，就没有了自信，没有了幸福，人生也没有了价值？

这样的说法，可能依然经不起推敲吧。

首先，自信主要来自内心。否则就不叫自信，而是叫泰国总理——他信了。

将自信依托于外界的人和事，既不客观，也不扎实，本身就是一桩不可靠的事儿。婚姻会解体，配偶会离开，朋友会失散，父母会去世，工作会变化，连信仰都会动摇……何况小小的肉毒杆菌和硅胶呢？

即便是高科技，外加大把金钱，也还有一个因素，任是谁也对抗不起，那就是时间。

新陈代谢，是宇宙规律，时间一长，皱纹还是会回来，乳房还是会下垂，无论肉毒杆菌还是硅胶，都没法补救，到了那时，再用什么来证明自我价值呢？

如果，被一种奇怪的外力所驱赶着，靠一个不切实际的幻想，重新建立自信，甚至不顾他人的感受——这不是在克服自卑，而只是陷入了更加深刻的不自信。

渴望留住恋人，或者期盼着即便失去了爱情，下段感情，也最好能让人无比眼红，这都没有什么。

但一段好婚姻的经营，肯定不是一对E罩杯的胸，就可以大包大揽的。男人看女人好或不好，不会只看胸大胸小，正如女人评判男人，也没有唯一标准。

当然，一些微整，现在渐渐成为流行；但隆胸，无论如何，却都是个系统的工程。隆胸对人的生理和心理的挑战都极大，它需要做一些前期的心理准备工作。比方不会在夜深人静时，感到惶惑，不会担心被人指责，甚至不怕身体上的排斥，等等。

如果仅仅寄希望于它能拯救婚姻，是否太过天真？

隆乳所带来的惊涛骇浪，可能并不亚于一场分手，或是离婚。当所有的自信，都来自一对豪乳时，那么它要多大，才能撑得住这日复一日的艰难人生呢？

为何会突然让人厌

周日的超市，人总是很多，嘈杂中容易丢三落四。

下到一楼，才想起该买毛巾的没有买。不愿再返回头去，只为一条毛巾，重新挤进人山人海。

突然看见电梯拐角下面，有一个小柜台，专卖店，也有毛巾。虽然价钱要贵一些，色彩也不很如意，但方便。于是走过去，问站柜台的女人：“可以拿来看一看么？”

女人岁数不大，瘦，头发挽在后面，皮筋胡乱绑着，穿大众款的运动装。靠在柜台角落的一根柱子上，眼睛看过来，却一言不发，也不说话。我再请求，她却将头扭过去。真让人吃惊，为什么这么酷？难道生意不是她的？

只好自己走进去翻拣，找到一条可以买的。付钱时再问她一句：“不会掉色吧？”

依然不说话，仿佛在跟我生气。好奇怪，我又不认识她。连告别时说的一声“谢谢”也不回答。恐怖，为何？

生活中，这样不可爱的女人，你是不是也会碰到？

昨天还在一起吃饭，今天遇见眼神冰冷。

大家欢聚，她却只管吹嘘自己的品位、衣服、首饰、家人、金钱……只要和她有关的，必定要比别人好。

不经意的一句话，就能让她生气，言辞刻薄冷酷起来。

自诩知识女性通情达理，却坚持将人分成三六九等。

或孤僻胆小，或自视甚高，或急功近利，或重色轻友，或谎话连篇……

怎么掩饰都能看出来，或者干脆毫不掩饰，渐渐的，让朋友们受不了，觉得她不可爱，相处起来好难。

她却不知，是由来已久，还是情难自禁？

这让我想起晓蒙来。

她曾是大家的朋友，幽默快语，火热心肠的一个人。只要有她在，就能给大家带来力量，很少见到她有什么犹疑。如果事情复杂，她会撂手不睬。如果简单，就更不会成为问题。一群女人在一起，去东还是往西，七嘴八舌，各执己见，最后总是她大喝一声，跟我走。

她爽快、开朗、直截了当，而且朴实、诚恳，既没啥坏心眼，也没什么虚荣心。脑子里的心思、肚子的算盘，全都一眼能望到底。大概正是因为这样的性格，才会特别招人待见，只要朋友聚会，或是出门去玩，大家能想到的第一个人，总会是她。

成了家，有了孩子，还是那么噶蹦脆，甚至更加噶蹦脆了。朋友聚会，依然一叫就来，孩子没人看，就带着一起来。小家伙也不认生，跟谁都打成一片，甚至被人逗着让叫妈妈，也会张嘴就叫，引来一片笑声，她还挺得意。

谁能想到，这么生性快乐、自由潇洒的晓蒙，突然也会有一天，让人完全认不出。

36岁那一年，遭遇到人生一次重创。

和自己自小感情甚笃的弟弟，过年时跟几个朋友一起吃饭，喝多了酒，突然中风，就此离世。前后不过几分钟，等她赶到医院，人已推进了太平间。

晓蒙从没有经历过亲人之间的生离死别，总觉得这样的事，离自己很远很远。父母当时就崩溃了，双双靠在她的肩头，大哭不已。

安排好后事，家里重担，顿时落在了她的身上。弟弟留下的一家人、年迈悲痛的父母，都需要她亲力亲为。

尽量多做事，多去看看他们，这些对晓蒙来说，并不算难，难的是，她突然体会到一种从小到大，从没有过的巨大的失落和空洞。

它们让她的生活，彻底变了样子。

她的心里，充满了那么多的担忧、软弱和无力，她再也不是以前的那个她了。

现在的这个她，连自己也不喜欢。

朋友再聚，她的舌头，仿佛被打了结，怎么都伸不开了。她不再会说俏皮话，更别提脑筋急转弯。遇到需要有人来做决定时，她一脸茫然地看着大家，心里除了悲凉，只觉得无趣。

她的冷漠，影响到了气氛，下次再有聚会，叫她的时候，就会有人冒出这样的话："合适吗？她似乎不感兴趣呢。"

真的，正像大家猜测的，晓蒙竟开始对从前热心满满的聚会，支吾推辞起来。

爱清净、不想动、总是疲乏、不知道说啥，成了她的理由。

偶然来了，也和从前大不一样。要么闷闷地，从头到尾，一声不吭，让人不由会猜，是否她对朋友心怀不满。

要么突然说起什么话题来，只管顾着自说自话，根本注意不到别人的感受。甚至有很偏颇的言辞，完全针对的，就是在座的朋友。

从前那么朴实、爽快，突然变得扭捏、矫情起来。一件简单的小事，也能让她想得复杂无比，总是说人心叵测，防不胜防，还突然热衷炫耀名牌，让老朋友们，常常无话可说。

一个人为什么会从可爱亲和的一面，突然转到尖酸古怪的另一面？

其实，那不是她不可爱，不友善，也不是脾气古怪，只是因为心里不快乐。

失意，憔悴，自卑，孤独……每况愈下，难题又解决不了，于是连熟人都不想搭理、靠炫耀来壮胆、鄙视他人、不愿说真话、世人都是假正经。

生活中总有些不如意的事情，会像腐蚀品一样，让心灵发生一点点的质变。那些乖戾或苦恼的根源，总需要时间帮忙，于是积郁受困，备感煎熬。

四下越来越多这样的人，如果不是经常见面，问候就要小心，一句“还好吗”，都会被认为是嘲笑，哪壶不开提哪壶。

女人心软，这一生难免遭遇更深、更直接，从可爱到不可爱，突变也就更大。

像卖毛巾的她，即便生意到手，也没有力气再牵强一笑。

像曾经阳光的晓蒙，即便坐在朋友中间，也会将内心的阴影，投给大家。

你我一定都有过心事重重，化解不开的时候，连呼吸的空气都是酸凉苦涩的。自己不喜欢自己，也不想解释，谁也帮你不到，只愿能自己挺过去。

内心不宁的女人，怎么可爱得起？

我们应该体谅，正如有时候，也需要别人体谅一样。

新男治旧伤

用下一个男人，来忘记上一个男人，是一句被人说滥了的话，多被用来治疗失恋。电影里、小说里、现实生活中，都不乏女人会用此药方。

药效却因人而异，有歪打正着，遇到真爱的，比方《我的野蛮女友》。也有很多人，情急之中，来不及考量，结果缠绵了、也深情了，新男却不许诺未来了。

心头刚合拢的伤，再次被撕裂开来。

这话说的就是她的故事。

本是简单到不能再简单的一桩情事，偏偏最后复杂得无法收场，以至上了中央电视台的法制频道。

她住在杭州，是个英语导游，专门接待一些国外的旅游者。冬天到了，事情不多，她就去西湖附近的一些旅游商店，做接待员，赚点外块。

他呢，开着一家小贸易公司，一次接待外国客人，生意谈完，他带着他们来看丝绸，正好遇见她。她介绍得详细又清楚，两个老外，都特别满意。聊得高兴，竟站在柜台边上，就又跟他敲定了一笔生意。她为他帮了大忙，为了感激她，他请她吃饭。

吃完饭，这就算认识了。他夸她外语不错，以后有业务需要帮忙，问她可否愿意帮他？

她怎么会说不愿意呢？他看她的眼神，说话的语气，恋恋不舍的表情，她能感受不到吗？

两人恋爱半年后，她才发现自己做了第三者。

他不仅有家庭，而且孩子才半岁，而且，这个不大的小公司，是他老婆在他最困难的时候，从娘家借了钱，帮他办起来的。那时，她挺着大肚子，还在满街跑业务。

他的老婆，相貌平平，甚至有点丑陋。可是对他，全心全意。当知道丈夫外遇后，伤心未过，就已经原谅了他，看在孩子还小的份上，只要他回家。

两个女人，见了一面。见到他妻子的那一刹那，她就深感自己的卑鄙和无耻，她实在没有任何理由，欺负这样一个女人。

她恨他一开始就骗了她，更恨他对妻子如此无情。

可是，她还是忘不掉他。一个人寂寞久了，好不容易有了这么一段快乐的日子，就像吃惯了的食物，喝习惯了的饮料，一感到空虚，就立刻想用他来填满。

分手后的最初一个星期，是最难过的。那时，他的东西，都还没有拿走，堆在她的房间里。她把它们整理在一起，放在沙发上，然后，自己躺在上面睡觉。

自己也意识到，如此沉沦，是种堕落，极其不健康。为了打发寂寞，她上网去找人发泄。

在QQ上遇见了两年前加的一个朋友。他明显正闲着，而且，早将她是谁、是男是女都忘记了。

她脱口就对他倾诉，没听10句，他就开始对她献殷勤，邀请她去嘉兴看他。反正就两步路，你来我带你散心，带你吃好吃的，跟你聊天，陪你看电影……

一个小时后，她就上了高速路。

两个几乎陌生的人，就这么冒冒失失地见面了。那时已是午夜，他一定没有想到，这么简单，就勾来了一个大姑娘。

哪里有什么吃饭、聊天、看电影，他只有一个帮她散心的方法，就是去旅馆睡觉。

明明心里对这个男人怀着蔑视和气愤，但她还是跟他睡了。而且，还假装有了新男友，并且，爱上了他。

他呢，表情淡淡的，既不说愿意，也不说不肯。两人厮守了三天三夜后，他将她的钱全部拿走，并且将她转手卖给了一个卖淫团伙。

直到3个月后，被警察救出，她才意识到，自己这出用新男治旧伤的戏，演得多么拙劣。

这个故事，可能有点极端。但生活中，确实有很多女人，会在失恋后，快速找一个新的男人来填补空虚。

本来毫无可能来电的两个人，只因女方的霉运走到了一起，她是寄托情感，发泄痛苦，他呢，乘虚而入，拣软柿子，大家本是心照不宣，可偏偏有人难以接受真相。

一个女人失恋后给她安慰和开导的男人是魔鬼，他们只付出一点温柔和暧昧，就能虏获女人潮湿的心——而且多数时候连钱都不用怎么花。

用新男治伤的女人，有些是有慧根的，得些道理，即有顿悟，知道凡事不能执迷，别人的男友，再好也是奢侈品，不是抽水马桶之类的必需品，错过了也就错过了。用新男人治旧伤，重在忘记难过、打发时间，又不是谈生意，花点冤枉钱也是在所难免。人家付出了体力和荷尔蒙已足够，还要求付出一颗真心，就太不近人情了。

但有些女人，则不会这么想，明知靠他人取暖，结果如何，完全取决于那个男人的良知，可却慷慨激昂，再也不愿撒手，旧伤未去，又流出新血。

男人都不傻，不是非常之爱，谁会心甘情愿做那个替代品呢?

何况他也会想，谁知道她会不会有一天，用另一个男人来忘记他?

人之所以会不甘心，往往是因为不能接受自己吧。年轻女性，尤其怕接受自己不够可爱不够美丽的事实，付出了身体，对方还不肯说感情二字，难道一切都只是可怕的幻觉?

如果连自己都不接受自己了，谁又还乐意接受你呢?

接受自己，就包括接受失恋、接受自己的错误、接受不快乐或是不如意、也接受新男的疗效不够好。

尽管心里还很空虚，尽管也知道做法有些无聊有些老套，可好在还有时间，至少，知道了让人伤痛的感情，也是很容易被下一段代替的。

等事情过去几年再想想，这些乱七八糟，未尝不是生命的乐趣之一呢。

有老人家常说，女人非得经济独立，才有资格谈快乐、谈追求、谈幸福。同样的道理，若能先整理清失恋的情绪，自由自主，会对自身负责，再谈下一段恋情，才真的拥有了赢得幸福的最大资格。

谈恋爱必劳神伤财，身家与热情不足者，定头迸额裂。

动辄用下一个，来忘记上一个，精力财力都会大受牵制，何况出发时已陷自己于不义，又怎么可以一心指望一步到位，幸福无比?

最多，只能当做碰运气。

一次只拿一颗糖

那个叫美汶的女子，在很多人眼里，是幸运儿。

丈夫事业有成，自己工作上进。既无经济负担，又无健康之忧。可谁知道她的烦恼纠结成团，事情可真不少呢。

几天前，省里分下来一个名额，出国半年培训。马上就要考外语。这是一个好机会，不仅有益于学习，也有利于提拔。大家心里都知道是怎么回事，所以报名者众。

美汶也报了名。

她倒不怕自己考不好，而是担心身边的几大难事。

一是和丈夫的关系，这一年多都很紧张。

两人从19岁开始恋爱，27岁结婚，婚前他就一直在西北的分公司负责，婚后考虑到升职和收入，没敢轻易变动。

婚后将近5年，他每年只有两三个月和美汶团聚。也不知道从什么时候开始，渐渐就变得没有话说了。以前每天都会通话，现在一周才说一次，拿起电话来，大家也都闷闷的，她怀疑他有了别的女人。但也仅仅是怀疑。

二是自从和丈夫关系冷淡后，美汶就认识了另一个男人。他非常有才华，让她超级钦佩。他们相识在朋友的聚会上，后来他对她说了一句很像歌词的话："如果那晚你不是那么美，我也不会犯糊涂。"

他们做了情人，彼此都有家庭，但感情就像野火，燃得无法控制。都有相见恨晚的感觉，说起往事时，才发现彼此应该有很多次相识的机会，却都错过了。

这就像是上帝在开玩笑。但他说，幸好，还是碰到了一起，无论将来怎样，我们要永远珍惜这份感情。

瞧，他说的是永远。

美汶当然同意。心想，如果只能做情人，也要做一辈子。

三是她怀孕两个多月了。

按日子算，是丈夫探亲回家那段时间怀的。虽然这是一个意外，但对美汶来说，应该感到高兴，因为她和丈夫盼着怀孕生子已经很多年了。双方的父母和兄弟姐妹，都替他们高兴，美汶瞒着情人，怕他知道了会不高兴。

也许正是这么一堆事纠缠着，让她大有焦头烂额之势。

出国学习这事，从心底说，她也不想放弃。因为这是一个机会，她刚读完在职硕士，工作一直都很努力，领导多次暗示过她，下次升职，她将很有希望。

而且，美汶还希望着能借远走他乡的机会，理理手边这些乱七八糟的事。

但如果要想出国，留下孩子就有些不现实了。可她已经快35岁了，再不生孩子，就会很难了。

每件事情都很重要，每件事都丢不得放不下。

其实生活中，类似的人和事，很多很多。大部分成年人都会犯一把抓的毛病，名、利、爱情、婚姻、孩子、事业……什么都要拥有，一样也不能缺失。

就像小孩，伸手进窄口瓶拿糖果，一抓一大把，死死不肯放。可是抓得太多，手变鼓，就不能从窄口瓶里退出来，又舍不得放弃到手的糖果，于是手被卡住，只能哇哇大哭。

很明显，此刻的美汶，就是这个手被卡在了瓶口的小孩子。

和丈夫从恋爱到结婚，10几年的时间，轻易放弃，伤筋动骨。何况情人也有家庭，也许到了7年之痒，正好和美汶一拍既合。大家满足的，是孤独后的寂寞，是彼此打发时间的沙漏，并不需要负担起更多的责任和义务。

而且，有了外遇，对丈夫的猜疑，就不那么折磨人了。说不定还有一丝侥幸，不管你干了什么，反正我也没有吃亏。

带着这样的想法，摊子怎么会不越铺越大?

出国培训，当然是件和拥有情人差不多风光的事情，又怎么能随便放弃呢？

还有孩子，这个年龄了，敢不敢说，真的不要？

对一个想拿糖果吃的孩子来说，比较聪明的做法是，每次取一颗糖出来，嗒吧嗒吧，尝尝甜头。

然后再伸手进去抓，多抓几次，多劳多得，一样可以达到目的。

大部分人，如果没有特别的天份，往往一段时间，只能做好一件事情。

比方生孩子，养孩子，花个三年五载，陪在他的身边，待他身心健康，初具模样，再大展鸿图。

再或者，瞄准某一高位，谨慎小心，心无旁骛，全情投入，才能把握住每一次展现自己的机会，否则家庭不稳，情人干扰，就很容易心浮气躁，让领导识破真相，认定你空有野心，无大才能。

所以一些聪明的人，至少在升职之前，会夹紧尾巴做人，该生孩子生孩子，该买彩票买彩票，待家庭负担变小后，再努力一朝升官。

做事非得有顺序，才能理清楚。一抓一大把，不仅卡住手，也吃不到嘴里。糖果要一个一个地拿，疙瘩要一个一个地解。

对美汶来说，这个孩子来得似乎正是时候，提醒她，真的到了一个该整理自己生活的时候了。

婚姻不顺，究竟该维持，还是结束？

出国学习，难道是升职唯一的机会？

至于情人，相见恨晚就能变成一生的牵挂？噢，不，谁也没有那么独特的魅力，充其量，只是新鲜外加一些好感罢了。没有人会为了好感就厮守一生的，尤其是做婚外的唯一，只能说明这是一时荒唐的想法。

看来，情人会像香水，总有挥发干净的时候。丈夫则如彼岸之雾，需要费时费力，才能看得明晰。至于工作嘛，万一出国半年，却被小人陷害，升职不成，反受污蔑——这都是很有可能的事情呀。

倒是孩子，是一个确切的福音。既然渴望了那么久，年龄也不小了，何不选择生他出来？

不是只有出国，才能够理清思绪的。真的想弄明白人生，躺在产床上也是可以的。

想抓住的东西太多了，不现实，也很累人。眼高手低，稍不留意，就会满盘皆输。那些对人生没啥大用的东西——即便再漂亮再眩目，我们也应该学会毫不犹豫地扔掉。

越是独身，越要从容

和相恋多年的男友分了手，或是刚刚结束了一桩婚姻，有很多女人，情绪上，会突然出现不能自控的表现。常常会变得和之前人们熟知的那个人，迥然不同。

从不贪玩的，会突然迷恋上夜店。还动不动就喝得酩酊大醉。

只穿职业装，会突然放开第三颗纽扣，乳沟若隐若现。

平时见到陌生男性，都会害羞的，却突然电话短信多了起来，身边暧昧的男人，竟还有已婚的。

说话朴实，性格和善的她，一夜之间，风格大变，尖酸刻薄不说，还高傲扭捏起来。

……

是不是你我都见过，因为情变而性格突变的女子？

并且，还不止一个两个？

作为女人，她真可以说，各方面条件都很好。无论家庭出身，还是受教育到工作的过程。从小到大，都非常顺利，可以说是人中娇女。

但不幸却突然降临头上，3年前，丈夫提出要离婚。他态度坚决，她怎么挽留，也无济于事。拖了一年多后，两人终于离了婚。

离婚，是她人生中的一次重创，她从没有想过自己在别人眼中，处处受羡，竟会遭受如此打击。觉得特别丢人，不知道该怎么对别人说，还常常觉得没脸见人。

毕竟这个时代，再解放再无厘头，离婚还是一种人生缺憾吧。婚姻没有经营好，好心一点的，也许会猜测你处世方式有问题，心怀妒恨的，则会毫不迟疑地说“恶有恶报”。

她是个要强的女人，很难接受这个事实。曾经想过死，但很快明白，为了孩子，也不能走这一步。只有尽快再婚，才能挽回失去的面子，找回失去的幸福。不用再生活在人们怜悯的目光中，自己也能活得潇洒点。

从那以后，她开始马不停蹄地见各种男人。

目的很简单，就是要尽快结婚。为了达到这个目的，虽然对方并不合心意，可她还是强忍不快，尽量展现出自己最好的一面来，随和、温柔、有求必应。而且和以前所持有的老观点也完全不同，变得很主动，帮对方买东西、做家务，有时候还带孩子。

但结果却很令人吃惊。

她发现这些男人，更愿意谈恋爱，而不是尽快再婚。一方面，他们贪恋着她的照顾和付出；另一方面，一说起结婚，就哼哼哈哈，左顾右盼。

前前后后，见了不少男人。每次她都非常认真，甚至忍受过其中一个还没有离婚的男人，他总是说，他会离的，等离了就跟她结婚。就这么抱着特想再婚的愿望，她就一直等着他。

离婚一年过去了，看看自己，想想这段时间以来的所有经历，她觉得特别亏，似乎人生不幸，在离婚之上，又增加了不少。

她付出了很多钱，每次觉得对方喜欢上她了，为了明确关系，稳住对方，她总是会忍不住先给他们买礼物。

她还付出了很多的情感，总觉得这一个也许就成功了呢，所以就特别地痴缠，有时候自己都讨厌自己。

另外，她还付出了很多的时间，为了讨好他们，她工作不再努力，最痛憾的是，对孩子也粗疏了许多。

有多少女人，像她这样，一时难以接受被抛弃、或是婚姻失败的现实，渴望着尽快找到合适的男人，恨不得第二天，就赶紧再婚，过上幸福的生活。

至少期盼着，能在表面上，给人一种一切都还好的印象，毕竟谁都不喜欢被人窥见伤口，尤其血淋淋地，暴露于光天化日之下，仿佛打上了什么不幸的标签。

这种焦虑，除了表明当事人无法达到社会期待时而产生的不安之感外，其实和爱情、或对方是否适合，并没有太大的关系。

一般来说，女性在这方面的困扰比较多。

因为很多女性的价值观中，很重要的一个自我评价，就是“被爱”、“被喜欢”，“被追求”，当这种“被爱”“被喜欢”“被追求”的渴望太过强烈时，她甚至会忘记自己需要的到底是什么。

她会将所有注意力，都转移到“会不会不被爱，不被喜欢，不被追求”的焦虑上去，即便也有约会，也有做爱，也有不错的语言交流，可她却会全然忽视过程中能享受到的快乐、欢愉、舒适的天气，投机的谈话，反而满脑子想着：“什么时候才能结婚啊？我会不会死得很难看呀？”

如此一来，结局肯定就惨不忍睹啦。

要知道，伤口已经撕裂，并不是缝得越快，它就能完整如新的。至少疤痕将会留下，曾经的痛楚，也会留在记忆之中。这都是人生常态，不是你不想看见，就能一笔勾销的。

非要认定只要迅速结束独身，就能让自己、也让别人忘记此事，这和一叶障目，其实是一个道理。

焦虑，在这个过程中，渐渐成了生命中一种强迫的力量，甚至令人上瘾，越是无法确定对方是否想结婚，就越是有更强烈的心情，要弄个水落石出，甚至更想努力去讨好、逢迎、巴结，失去自我意志，去做自己并不想做的事，从而让他各方面都能满意。

真的就能满意吗？

要知道，两个目标并不一致、想法也不尽然相同的男女，越是刻意将对方拉到自己的路上来，反而更容易引起叛逆。将交往的重点，放在是否可以再婚，而不是对对方的欣赏上，只会变成滞碍再婚的阻力。

分了手的男女，双方都有分手之痛，正像创伤，需要慢慢愈合。迅速再婚，或找个男友，也许算是一种缝合手术，至少表面上，看不到明显撕裂的伤口。

但和很多手术一样，缝针之前，必须先打麻药，只有麻药，才能使人不会感受那么激烈，麻药是种过度，让人晕晕乎乎、迷迷瞪瞪，暂时忘记之前的痛，而只看到伤口缝合的好处。

静下心来，从从容容地，谈一段或是几段恋爱，或是看书、旅游、学习厨艺，过好自己的生活，则是必须的麻药阶段。

了解对方多一点，或是更多地享受一下单身生活，又有什么不好呢?

轻松恋爱的同时，做好自己的份内之事，家务负担轻了，有更多时间和孩子在一起；反正只能靠自己了，工作上更要有追求进步——把焦虑化为从容，才是最好的应对之道。

第二部分 明确爱情观，努力同步爱

在爱情中，谁不是哲学家呢？

从相爱伊始，在和另一个人心灵的碰撞中，就一点点地明确着自己的人生态度、生命意义和生活哲学。

你们是一样的人吗，有相同的价值观吗，对爱的解释和感悟，是同步的吗？

爱的最高级

每个人，生命中都会经受低潮和高潮、低谷和浪尖。而潮来潮往，高高低低，这才是常态吧。

身处高潮，做事高调，情感丰沛，连友人，都比往日多出几倍，顺风顺水，却难以察觉这是命运眷顾，忙碌中，连回首检视来路的时间都没有。深信因自己可爱，才会被他人所爱，这么能干这么完美，上帝怕也会另眼相待吧。

于是，自信满满，斗志高昂。有人说起世道艰难，做人不易，立刻迎上去，毫无同情地反驳道，哪里有什么人生危机，不过是为自己偷懒找的借口。

女友丰美，之前就是这样的人。

30岁前，顺利得像天使在人间。

读书、恋爱、工作，只要她愿意，就能拿到最好。父母、兄弟、男友，个个光鲜靓丽，既是亲人，又是贵人。遇到挫折，总能被轻松摆平。

自己也以为，这样被宠被爱、又美又红的局面，会延续一生。

却在不短的时间里，遭遇了很多生命的变故。

结婚前夕，请柬都已散发出去，却突然在新房发现，丈夫竟带了别的女人，来住宿过。长统丝袜丢在床底，仔细再搜，又发现暖气后有避孕套、浴缸里有长发。

整个世界陡然变黑，身边的人，熟悉的房间，都变得完全陌生，仿佛从没有见过一样。

婚礼取消，坚决分手。一贯顺利、在人们眼里幸福的她，难以承受这样的背叛和打击，觉得整个世界，都对她发出了不善的信号。

甚至连一贯疼爱她的父母，哥哥，都变得让她厌烦。

怀着只想尽快逃避的心情，她的工作，越来越不顺心，出错渐多，能躲就躲，领导同事的脸色，也越来越难看。无法找到合适的心态来面对，索性辞去工作，在异乡找到一份新的职业。

不顾家人担忧，很少与旧知联系。

一年后，接到电话，父亲癌症晚期去世了。怕刺激到她，一直在阻挡家人，不要告诉她。

丰美不敢相信，仿佛30岁之前的顺利，是预支了所有的幸福，今天要为曾经的快乐，付出代价了。

可是，糟糕的事情，却还没有完。

大她十几岁的哥哥，生意一直做得很好，可是突然之间，竟说出破产的话来。原来，被人欺骗，大笔投资款，被人卷走。

所有的一切，不过发生在两三年的时间里。她深陷对命运不公的痛恨当中，对人对事，对所有的一切，都充满了绝望和失落。

深陷黑暗中，内心全无力量。不仅总是唉声叹气，跟人说话，也多是怨言，难得附和什么人，总是一幅找岔的样子。

如此不顺从、气恼不堪，其实是心理上对突围的渴望吧。

虽然父亲去世，心里痛苦，可是对父母，却有了怨恨。想到自己性格中的脆弱和压抑，她这样说自己的父母，他们给我留下太多创伤，很多问题，都是早年积压。比方缺乏勇气，缺乏创造性，不敢坚持自己的想法，就和童年教育大有关系。

她这样说周围的朋友，能理解自己的人越来越少了。有什么难题，只能咬着牙，靠自己尽力挺过去。

她这样说分了手的男友，他和另一个女人都开始同居了，却还欺骗我说爱我。真是无法理解，竟觉得像面对陌生人。以后还会重新爱上谁，相信谁，全身心地投靠谁呢？

她这样说总找她茬的上司，心胸狭窄，情绪无常。

她这样说隔壁办公室的女同事，总喜欢打听别人的私事，无聊庸俗。

她这样说街头不认识的陌生人，何以看我一眼，又看我一眼？

……

她成了自己曾经最不喜欢的那种女人，软弱、无用、怨气十足。

经历了这一切，这才意识到，以前对别人困境的不理解，有多么无知，又多么残酷。

幸好有时间，在这些变故中，丰美渐渐将视角，从外界移到内心。在自我救赎的过程中，她对生命的态度，也开始发生了转变。

说起曾经同样的人和事，却已是完全不同的内容。

说自己的父母，感谢他们对我的教育。年幼时的告诫、训示，让我面对困境时，能有一个缓冲的阶段，不会冲动之中，做更多的傻事。

说周围的朋友，虽然他们没有帮我解决过什么具体的问题，但聆听、分享、鼓励……甚至一顿饭，一个眼神，一封短信，当我感受到他们在我的身边时，已在帮我。

说分了手的男友，周旋在两个女人中间的男人，心会多么不平静啊。祝福他能平安，幸福吧。

说找茬的上司，他那时其实并不容易，刚离婚不久，很痛苦，哪里会有心情去理解下属的苦处呢？

说隔壁办公室的女同事，爱八卦的女人，只因缺乏安全感吧？

说街头不认识的陌生人，每个人都不容易。

……

如果说，相同的人和事，能讲出完全不同的话语，是因为她终于走出了困境的话，那么更重要的区别还在于，几年前，陷入痛苦中的她，一心想放弃自己时，是完全不喜欢自己、不爱自己的，那时认为自己失败、软弱、无能、倒霉，一无所长。

因为不喜欢自己，所以看到自己身边的一切，都没有丝毫可取之处。

而几年后，在疗伤的过程中，她渐渐摆脱了恐惧、无助、怨恨、悲伤、自卑、孤独，敢于面对不足与伤痛，找到了继续前行的勇气和信心，也就再一次喜欢、爱上了自己。

一个重新爱上了自己的女人，会将身边所有的人，即便是那些曾经伤害过她的、让她无所适从的、使她失望痛苦的、令她不能理解的人与事，都当作塑造今天的她的力量。

这是多么奇妙的一个变化啊。

现在的她，爱自己，不仅是爱光鲜精致、乐意展现人前的部分，也深爱自己人性中黑暗阴影的部分。

这，是更高品质的爱，是爱的最高级。

人生，都有“艰难”这个副产品，却也有时间这副良药。将不幸变成有幸，是生活给我们最好的礼物。

该选择何种价值观

这10年，主流价值观似乎的确和以前大不一样了，至少，在网上，在电视里，在人们的嘴巴或行动上，总能见到一些让人难受的事儿。

有很多人是坚定的实用主义者，坚信“过得好”、“发财”、“出名”、“当官”就是人生的一切。孩子才5、6岁，就教着他去学溜须拍马，见人下菜。

但也有一些人，很难放弃曾经学“好”的那一部分，坚决相信好人有好报，坏人下地狱。好人都心地善良、淳朴、有同情心、为人低调，只有坏人才嚣张、霸道、不顾及他人——这些关于善恶或好坏的观念，曾被灌输在大多数儿童的早期教育中。

于是，当一个人行事端庄，谦卑正直，却惨遭唾弃时，难免惑然不解，感到世界变得很是荒唐。到底因为是我不好，才受到惩罚呢？还是我并不坏，只是管理世界公正的某个机器，发生了失误？

叫哈丽的女子，就对生活，产生了这样的疑惑。

第一个疑惑，是关于她的前夫。

他们是结婚7年后离的婚，并不是人们常说的7年之痒，而是半年之后就很痒了。当时结婚就有点匆忙，现在哈丽承认是她自己不对自己负责，只因为岁数大，想结婚，就放弃了原则。明明发现他毛病多多，但却睁一只眼闭一只眼，到了婚后，终于发现，他们完全是两种人。

前夫做人很卑鄙。是的，就是这个词。当年还算年轻时，就整天想着，怎么才能算计别人，给同事使点绊子，占点便宜，又怎么才能尽快升官发财。

也不知童年受过什么伤害，在他眼里，没有一个人是好人，都一身的毛病，等着他来挑剔。

曾经的同学、朋友，甚至一些亲戚，只要认识的，就分成两类，一类可以利用，一类用不上，只需尽快扔掉。

他总是在哈丽耳边，对她讲一些特无耻的事，比方打了同事的小报告，给谁谁谁栽了点赃，又给谁帮了点小忙，然后搞了点外快。

他待人如此“鸡贼”，当然没有落下真心的朋友，别看整天在外面吃吃喝喝，应酬不断，可回到家里就骂娘。

再一天，又恬着脸，陪领导过周末，还给领导的老婆送化妆品。

后来，有了儿子，他开始拿他那一套，教育孩子。而这是哈丽绝对不能忍受的。孩子才5、6岁，他就教他当面一套，背后一套。哈丽给孩子读童话，玩游戏，他统统觉得毫无用途，还训斥她幼稚。

离婚有多年的隐患，当然也有导火索。钱是主因，最后他家里的一群人搀和进来，哈丽觉得没有意思，坚决要离。

离了之后，她只觉得轻松很多。

现在，前夫终于升了官发了财，也会人模狗样地拿架子了。只要见到哈丽，就故意气她，说自己在市里最好的路段，都买了房子。纵然有这么些钱，却偏偏给儿子每月1000元的生活费，拿起来总是嘟嘟囔囔不情愿。

让哈丽觉得此人特别无耻。

另一个疑惑，是关于她的某同事。

哈丽所在的公司，每年每人都有一定数额的任务要完成。

定额定得高，通过正常途径，完成确实有困难。哈丽年年都落后，但总觉得自己已经尽力，问心无愧。

可她的一个女同事，年龄不小了，整天打扮得花枝招展，和男客户卿卿我我，捏捏摸摸。任务自然完成得好，奖金比哈丽高出好几倍不算，还明目张胆地羞辱她，说她太老实太木讷，只好吃亏。

这到底是什么世道呢？只有做小人，才会得势。像她这样的好人，老实人，却总是生活得很难？不都说好人有好报吗，看见这两个人，哈丽经常怀疑自己从头到脚，都是错误。怀疑自己的价值观，出了严重的问题。

不仅哈丽，问问我们自己，是不是也常会纠缠在类似的矛盾中，且气且恼且疑惑？

其实，这两种不同的价值观，从人类社会诞生以来，就一直是存在着的。

所谓无耻之徒，也会有不公平之感，也会有吃力不讨好的无力感。比方隆了乳，陪了酒，出卖了朋友，泯灭了良心，抛弃了妻小，当了卑鄙小人或跳梁小丑，却没有得到预期的好处等等等等。

在生物界中，只有人类，才有一种机能，就是能在现实和愿望的冲突中，保持适当的松弛，从而找到自由感。

那就是，当我们无力于改变某些事态时，却发现有自由决定对待事情的态度。

比方，房价太高，就不买房；男人恶心，就离开他；上司阴暗，别强迫自己去讨好；同事彪悍，打不过就跑；股票缩水，要么退出要么耐心等待；当不上官，做点自己喜欢做的事……这种自发接受现实的态度，其实，就是一种明白无误的自由。

它可以不让自己的价值观，受到世俗观念的绑架。

说起来可能有点消极无为，但其实大部分人，都属于这一类，既不太好，也不太坏。既不悲观，也不乐观，既不激进，也不愚蠢。

如果能做到这一点，就会明白“先敬罗衣后敬人”，并不当真就是生活的全部。

一个人预料受辱时，就总是担心自己会受到嘲弄。满足拿自己当做受伤的目标时，伤害就会随时来临。

无耻男人升官发财，那只是他的生活方式，怎会刺激到你？女人出卖色相去赚钱，只能说她比别人更有不安全感，经济压力更大更可怜而已。

要相信所有的路，都会有出口。我们之所以这样走，只是因为走在自己喜欢的路上而已。

这样想，可能比较会不容易受他人影响，也比起选择哪种价值观，更现实一些。

男子气后面的潜台词

网络上，因学范冰冰的扮相，而得到网友超级认可的男生，在电视里却表示，自己虽然会男扮女装，相貌也偏清秀，但其实骨子里，是很男子气的。

不喜欢女友向自己撒野，也无法接受女生言谈粗鲁。

是真的如此，还是？只为挽回自己之前过于女性化的形象，特意做的包装？

看看那水汪汪的大眼睛，没人会当真他说的话。而且，他对男子气的诠释，其实只是做人的基本，并没有特别之处。也完全谈不上让人厌恶，毕竟年轻单纯吧。

时下的男生，大多不愿当众承认自己有男子气，因为它几乎代表男权思想。你看所有的相亲节目，会做饭、好脾气、能忍气吞声的男孩子，都很受欢迎。

可是，尽管如此，男子气，却还是一个生活中躲避不开的问题。

故意显摆的，也许并不真实；有意压抑的，或许全无诚意。到底有没有男子气，还得进了婚姻、过起了日子，才能看得一清二楚。

想当初，他们恋爱时，他也是个温柔、有礼、懂事的小伙子，过分的话从不说，让她不高兴的事从不做。虽然她的父母，觉得他并不是心目中理想的女婿，出身贫寒，其父对其母有过家暴，而且，职业也不安全，要经常应酬，休息日都没有。

可是她说，放心吧，他是个一点也没有男子气的人呢，对我好得不得了，总是服服帖帖的。

一年后，有了孩子。家务繁多，她的脾气也渐长，他却再也不肯忍受了。不仅忍受不了她的烦躁，也忍受不了刷碗买菜。言辞之中，突然多了性别意识。

我的男人好不好？

哪个男人会做这些？

你说话做事注意点，我是个大男人，你懂不懂得？

仿佛虽然她跟他结了婚，可却并不知道，他是个男人似的。

第5年，他第 次夜不归宿。后来说，酒喝多了，坐在街头，找不到家了。

为什么要这样？她大怒。

男人谁不这样？这是他的回答。这年头，男人要不肯豁出去喝酒唱歌泡夜店，就没法混！

真的吗？那么以后呢？以后会不会因为要做大男人，变本加厉？

婚后第10年，她已习惯他一周在家吃不了一次饭，每天晚上十一、二点回家算是正常。她辅导儿子做作业、洗衣服、收拾房间、看电视、上网、给女友打电话聊天。如果他不小心，没有事情做，家里呆着，不能说他的不是，更不能指责他这样做不对，否则，不出两句，他们就会吵起来。

这样的婚姻，在你的身边，多不多？

想想KTV包厢里那些乌烟瘴气的陪唱场面，再看看自己单位的饭局中，那些眉来眼去的，如何成了真枪实干，但凡将“家”这个字，放在心上，就会有些担心吧？

但哪里想到，男人却口口声声男子气，将呼朋唤友，流连夜店，当作男性的必做功课。老婆多说两句，不是骂骂咧咧，就是拳脚相向。如果能在外面广结女友，那就更有威信了。

男子气概，到底是个什么东西呢？

大碗喝酒，大块吃肉，见了女人，要么目不斜视，要么狎昵亵玩？

古代小说里，倒是时常能见到这样的男人，尤其《水浒传》或《三国演义》，不仅男人爱看，女人也能看得直呼过瘾。

旧时的男人，多要求出生入死，除了打老虎，还要上战场，除了保主公，还要背老母。身体野蛮了，心灵不那么细腻，不仅在人前要装蒜，自己也不能太把自己当人。见了酒肉，就失去理性，或见了女人，就霸王硬上弓，似乎也在情理当中。

可是现代社会，男人除了床上需要卖点力气，还需要在哪里流血流汗？

何苦做出一副野蛮粗野的样子，吓唬人呢？

时下男人的标准，已经变化很多，君不见弱不禁风的美少年大行其道么？留长发、掉眼泪、咿咿呀呀、心细、会唱歌、会跳舞、会家务、现在流行的，是这样的男人。

口口声声，要做大丈夫的，在这个时代似乎并不吃香。社会以尊重女性，知书达理为男性的美德。在老婆面前要男子气的男人，在外面，当着女同事，或是女客户的面，总不会动辄大呼小叫，颐指气使，见人家提3公斤重的东西，赶紧扭过脸去，权当没有看见吧？

不会不会，一定不会的，否则他人缘肯定极差，口碑极坏，哪里还会有人跟他吃肉喝酒，甚至还有别的女人愿意让他泡？

心理学家说，一个人秉性如何，外人的评价，都是不做数的，只有家人，才最有发言权。在外面，不管是风花雪月，还是假装仗义，关起门来，对老婆骂骂咧咧、恶语相向，或动辄暴跳如雷，甚至动手，这才是他的狰狞面目。

说到底，就是缺点毛病一大堆，何必扯上男子气概？

让人敬佩的男人，并不靠拳头嗓门，也不靠烟酒牛皮轧姘头，对妻子儿女负责，做好自己的事业，孝敬父母，对朋友无欠无拖，自然而然的，就能树立起权威来。

何必要处处战胜老婆呢，难道赢了老婆，中国就能强大吗？

动不动就将男子气挂在嘴边，为自己吃喝玩乐找借口，确实很傻很白痴。

对老婆温柔体贴一点，谁说就会损了尊严呢。即便宋江、杨雄，老婆没偷情之前，人家也是捧在手里，含在嘴里的呀。

说穿了，就是自私自利、以强欺弱、耽于放纵而已。

不想负起做丈夫、做父亲的责任，于是虚张声势，掩盖心虚，比起家庭生活的平淡，在外面玩当然热闹了。既要花天酒地，又要理直气壮，于是只能以强欺弱，不由分说，先占山为王，顺便再来一句，哪个男人不风流，这样就可以更无法无天了。

一个人如果对自己的老婆都不体贴，还总想高人一头，压住对方，实在想不出他还会对其他别的人有什么真情实意。

骨子里就是冷漠凉薄之人吧，感情上可能很难靠得住。

实在是多走近一步，就多一分危险啊。

变了味道的节俭男

其实，大部分女孩子，和男人约会，并不总是将眼睛盯着他钱包里的钱的。

小丽就是这样的女生。

在电视节目里，她说，即便他没有钱给她买花，没有钱请她喝咖啡，没有钱送她小礼物，可是他只要表现出他很想为她做这些，她就会觉得很满足。

切，有观众跳出来，反驳说，嘴里说为你买房买车，当然简单了。女生这么容易满足，为什么一上节目，个个张嘴就问收入？

其实，不管是小丽，还是反驳的人，都说的是真话。

小丽认为，女人需要的并不是约会时男人有没有勇于掏钱，而是他有没有将注意力放在你的身上，能时时感受到你的需要而已。

哼，没有钱，有需要又能怎样？

小丽发愁，解释不清。她心里有满意的男友，并没有什么钱，却会用他的方式体贴她，满足她，感动她。

比方？

小丽想想，比方，一起吃食堂，他会将碗里的卤蛋，夹给她。还有，只有1元钱在口袋里，他会送给她让她去坐公交车。

说这么多，不是还都和钱有关系？虽然钱不多，可是女生还是喜欢看到他花在你身上不是吗？

反驳的是个男生，一定因为钱，吃过女生的苦头，否则不会这么敏感。

可是支持小丽的观众，也还有很多，而且大多是女生。她们你一言我一语地讲个没完。

愿意为你花钱的男人靠得住，还是不愿意为你花钱的男人靠得住？

他有没有揣着一千块，可请你吃根雪糕，都不肯？

还有还有，一见面，先问你的消费观，问你是否是月光族，这算什么意思，是怕你花他的钱的意思吗？

唔，遇到节假日，怕约会花钱，总是说要加班。其实根本没有！

……

七嘴八舌多了，终于总结出来，这些女孩子，真的并不是看重钱，她们在乎的，其实只是男生花钱的方式。

她们受不了的，是一些变了味道的节俭男。

可男生不明白这其中的问题，节俭？那还不都是被势利眼女生逼的吗？她们一说起男人，首先就会问做人大方不大方，或是爽快不爽快，说穿了，就是掏钱包的速度，快不快。

大方一次两次可以，没有问题。但恋爱，却不是一次两次，就能谈得成的。你要挑，要选，要找到最对眼的那个人。在这之前，你大方有什么用啊，那不是便宜了别的男人吗，所以，不如只好当一个变了味道的节俭男人。

说来说去，怪只怪社会风气太老土，女孩都不愿AA制，走到哪里，都想占男人的便宜！

话说到这里，男生女生已分成了势不两立的两大阵营，吵成一团，谁也说服不了谁。

史努比的朋友查理·布朗说的好：赢了不是一切，输了却什么都不是。这赢输二字，放在有钱没钱上，不是也很合适？

钱不是一切，可是没有钱，却什么都不是。

可能钱对男人的压力更大吧，加上这些年经济不稳定，变了味道的节俭男人亦开始大行其道。

只有在赠票时才请客，衣服皮包只推崇A货。

最可怕的是吃蹭饭，不仅蹭朋友的，还蹭到约会对象的头上来。

刚想买什么东西，就凑到跟前，念八股文，能省就省，能不花就别花。

……

男人可以不大方，但不能一眼让人就看到皮袍下的小气来。也许他会说，虚荣的女生才在乎男人请客送礼呢，可试问，哪个男人不虚荣呢？

不在乎男友是否小气的女生，就像不在乎女友是否超重的男生一样，基本都属于天方夜谭。

当女人说："爱我就为我花钱吧"，她并不是要让他将钱往她身上堆——因为她也知道他并没有那么多钱——尤其是，当你们有了亲密关系之后，她说出这句话来，其实，只是为了验证一个男人的做人之道而已。

他可以没有钱，但对她，却不会小气，不会总是在她的耳朵边提醒她，他穷，他压力大，他赚钱辛苦，你能少花点可以吗？

不错，20岁的男人，确实没什么钱。所以他才要知道钱的重要性，否则，到了30岁，也没法为所爱的人，买一间房，买一辆车，甚至没法去一家好一点的餐厅，用不起贵一点的安全套。

到了40岁，仍然没钱，他的父母就不敢生病，妻子会迅速苍老，孩子会上不起好学校。

50岁，没有钱就会给孩子带来压力，会看着其他50岁的男人，还上窜下跳玩爱情，可自己的婚姻都难以保证。

是啊是啊，他才说，不就是因为知道钱的重要性，所以才要做一个节俭男，不浪费，不乱花钱，那不就是因为金钱诚可贵吗？

恩，不浪费，固然可取，但吝啬到让人看出精打细算的后面，是在自作聪明地算计对方，又怎能不会令这些女孩子要穷追猛打呢？

男人为所爱的女人花钱买东西，女人并不是为了攀比商品的价格，而是为了了解这个东西，占他收入的百分比。比方，拿出仅有的1元钱，让女朋友去坐公交回家。

富有富的送法，穷有穷的花法啊。

否则，天下的穷小子，还不全都得放弃爱情了？

口袋里只有50元钱时候，请她喝杯像样的咖啡，然后说说话，送她回家后，自己走路回去，这一样会让她感动。女人希望男友请客送礼，主要为了看他肯不肯拿出珍视她的气派来，即便他掏出兜里最后两毛钱，她也能感觉受到了重视。

穷的时候，也可以有一个好心态，也可以从从容容，自自如如地看待钱。而不是夸大对钱的焦虑，满脸警觉，满心警惕，1分钱花出去，也觉得天就要塌了。

而因为不想花钱，所以迁怒于人，这是节俭男中，最变味的一种。

趁我们穷的时候，倾其所有的送一次礼物吧，这应该是男人追求爱情的过程中，不可或缺的一环。以后富可敌国了，你想为心爱的人送一件好礼物，还真不那么容易呢。

约会时花钱该多该少，重要的是看你做的聪明不聪明，聪明的话，它就能让爱迅速升值，反之，则会加速贬值。

现在，你还愿意做变了味道的节俭男吗？

条件合适，伤不起

所谓爱情，说穿了，不就是条件合适的一男一女，遇到、互生好感、比较、拿捏、分不开、然后结合吗？

为什么要将条件合适，当做定语呢？

因为谈婚论嫁，自然离不开条件。

年轻的女孩子都懂，要嫁得如意郎君，不仅要看对方的智力学识、谈吐体能，还要看他是否心胸宽阔、家人是否好处、性格是否和顺，自己也需条件硬朗。

学历不低、面相清秀、能赚能算、上得厅堂，下得厨房……

都市里的女性，谁不深知商业社会的艰辛呢？岁数越大，越要努力积极进取，万一夫君跌倒，还能拉帮一把；一朝被弃，也不至于灰头土脸走投无路。

男人呢？对“条件”二字，怕是比女人更心知肚明吧。比起调皮可爱漂亮性感，温柔贤惠善良宽容，才是选老婆的最主要条件。

世上哪里有戛然轰动，要死要活的巧合？她肯嫁他，只因他成熟稳重，以后可能担当起家庭的重任。他呢，他也会想，一无所知的青春少女固然不错，但浪漫还是交给富家公子玩好了，日后赔偿，好歹也能拿得出钱来。

叫小度的女子，最近诉说遇到一段孽缘。

男生认识她的当天，就开始猛烈追求。口口声声说，她的条件很好，特别适合于他，让他满意无比。他急着结婚，想要找的，正是她这样的女孩子：成熟，懂事，识大体。

小度自己承认，相貌很普通。之前相亲多次，都因为长相问题，搁浅了。但她身上，确实有做老婆的气质，脾气好、母性强、能宽容、话不多、勤快、温柔，常常特别容易赢得对方父母的喜欢。

而他，相貌英俊帅气，一看就是女孩子都喜欢的那种类型，却见第一面就对自己这么积极，多少让小度有些感动。她想，既然他已经说到了结婚，而且自己真的让他觉得特别合适的话，那她又有什么不乐意的呢？

第三次约会，男生就提出不如同居，让她搬去他那里住，并且将婚事尽快定下来，还要带她去见自己的父母。小度虽然觉得发展太快，但想到这年头，闪婚的人那么多，互相看对眼也不容易，何况男生有什么坏毛病也讲不出来。

去见他的父母，二老自然是喜欢无比。他们再三对男生说：“这样的姑娘，就对了，多踏实，多让人放心啊。”让小度隐约觉得，她之前应该还有什么人。

很快订了婚。

紧接着，男友告诉她说，自己其实本有一初恋女友，两人在一起已经7年了，可是，因他的父母极不喜欢那个女孩，只好分了手。虽说离开了，但他对她还是有感情的。婚姻可以给小度，但要让他忘记初恋女友，他则做不到，还需要一些时间。

小度蒙了，没想到自己成了结婚的替代品。他满意的，只是她合适的条件，却不是她这个人。

男友果真开始夜不归宿，手机里出现明目张胆的短信，对小度的态度，也忽冷忽热起来。小度订婚时大宴宾客，如果分手，自己先不寒而栗。

只好忍着。

更糟糕的是，男友的父亲，突然得了重病，住进了医院，急需要人照顾。小度这个准儿媳，就成了临时保姆。她一边奔于医院住家，一边在男友的旧恋中煎熬。

希望着他能看在她为老人尽心的份上，待她好一点。可是，当她向他要明确答复，能不能对她专一，好好爱她时，他却满脸不耐烦地说：婚都订了，你还要什么？

相似的故事，也发生在女人阿E身上。

结婚8年，丈夫外遇不断。她从发现到今天，已经5、6年过去了。饱受折磨的她，无数次提出离婚，丈夫却坚持不离婚，理由是，不能给孩子一个破碎的家庭。

却又屡屡不改。一段刚结束，另一段又偷偷摸摸地，开始了。

每次发现，对阿E来说，都是一次沉重的打击，她总觉得自己没有崩溃，没有得精神病，简直就是个奇迹。丈夫对她的伤害，让她的生活，彻底变了味儿。

每天都处在极度的紧张、怀疑、焦虑中，电话铃一响，她就会触电一般地抖起来，听不得情歌，看不得情感剧。情绪常常灰霾一片。

可是丈夫说，不，他坚决不离开她。只有她，才是最适合他的女人。她顾家，会关心人，对孩子用心，家里家外，都张罗得细致到位。离开了她，他还去哪里找这么好的女人。不，他坚决不同意离婚，风流毛病保证改正，请她相信他，他才是能和她白头偕老的那个人。

阿E气不过，却又离不开。

小度和阿E，一身正气，不乏传统女性之美德。可在对方眼里，忠诚、勤快、温柔这类东西，仅仅只是可以与他结婚的合适条件，正如家用电器，或天花板吊顶一样。与她们的个人感情，并没有关系。

她们有良好的个人条件，在婚姻关系中，却无法成为女主角，甚至连女配角都谈不上。她们合适的条件，让她们成为了一段婚姻中的道具。

正好用来对付父母，或是孩子。

道具拿着顺手，戏就可以开场。至于订婚，或维持婚姻，不过是舞台上那道大幕，拉开了，灯亮了，道具摆对位置，就一切OK。

显然，他们自觉做得聪明圆滑。否则怎敢如此理直气壮，振振有辞？

但其实太不厚道。

市侩无情，两面三刀，已是人品问题，怎还追着他讨要结果，或留在身边为难自己？

情戏，是要一男一女两人来演的。道具再合适，再顺手，再好看，再忠心耿耿，也没法演。谁见过为了不让舞台空着，道具主动请缨，独挑大梁的？

小度、阿E，都属投错了剧组，被耽误的角色。条件挺好，却处处被动，结果让别人说是什么就是什么，让演什么就演什么。

时间长了，和道具一样，没台词没情节没戏份，越是尽忠尽责，就越是衬得男女主角有声有色、生动活泼。

这不是白白耽误自己吗？

未婚单身妈妈

《欲望都市》里，30多岁、漂亮能干的女律师米兰达发现自己怀孕了，刚巧，她和同居男友分了手。

想到自己的卵子，可能已经开始老化，再不生孩子，也许就会失去做母亲的机会。虽然并没有和谁结婚的打算，她还是欣喜无比地接受了怀孕的事实，决定将孩子生下来，做一个未婚的单身母亲。

在美国，近年来，女性受高等教育的人数，开始超过了男性。这不仅改变了很多女性的生活方式，也改变了女性的婚恋观念。

她们变得更独立，更自主，更明白想要过得好，完全可以不需要依赖任何人，即便像米兰达这样，连孩子的父亲，都可以放弃。

巧的是，这些年，中国的高等学校里，女生比例也在直线上升。很多专业，硕士以上的学历，女生还远远超过男生。

这股女性教育潮，为都市带来了大批三高女性，高学历、高收入、高年龄。她们全身心投入工作，在工作中寻找快乐和自我价值，竞争的激烈，让她们也不敢轻易言嫁。

于是，和世界各地一样，我们身边也越来越多地看到，经济条件很好的的一些女性，因为工作或学习，错过了恋爱、结婚的年龄，或是总也找不到合适的配偶，成了人们口中的“剩女。”

于是，和米兰达一样，我们也越来越多地看到，这些女性，在没有婚姻的状况下，勇敢地选择生育，希望能做母亲，养育孩子，并且，相信自己完全有能力，带好孩子。

北京的金燕，就是这样一个单身母亲。

33岁时，她暂时放弃了结婚后再生孩子的想法，因为不想凑合婚姻，又不想耽误自己合适的时机做母亲，她选择了试管。

捐精者是一位在校的大学生，花了将近20万，来来回回大半年的时间后，金燕怀上了可爱的女儿。

之前并没敢告诉父母，公司里同事见她身形已变，虽然诧异，却并不多嘴去问。金燕特意去香港生了孩子，这才给父母打了一个电话，说生孩子了。如果他们愿意，可以来帮她带，不愿意，她会请保姆。

父母又惊又慌，赶忙从南方来到北京。心里诸多的不放心，待见到粉嫩嫩的小孙女，一切都释然了。他们理解金燕，安下心来，替她带孩子。

一家人，住在金燕为生孩子，特意买的大房子里。她觉得很幸福，工作没有耽误，一直想做母亲的愿望，也终于实现。

孩子以后该怎么办？记者问她，她大了，问起父亲，你怎么回答呢？

金燕觉得这根本不是问题。她说她会如实告诉女儿，孩子最重要的是，要感受到爱。如果外公外婆和妈妈，都足够爱她，她不会有什么缺憾的。

像金燕这样勇敢的女性，生活中有，但并不多见。她的底气，来自良好的教育和工作，来自较高的收入。更多的女性，会对做未婚单身母亲，充满疑虑。

也想在合适的年龄，在没有结婚的情况下，生下自己的孩子。只是中国目前的环境，做单身母亲，除了满足自己母性的需要，是否对孩子足够公平，又足够好呢？

柏拉图当年曾设想过，国家能成为一个“公共父亲”。他的意思是，当国家越来越多地承担起孩子的教育或是抚养义务时，婚姻制度就会崩溃。

欧洲的一些高福利国家，已经是很称职的“公共父亲”了。国家对妇女和儿童的保护越好，婚姻制度受到的冲击就越大，这类国家的结婚率，近年来已经降得很低很低。

早在2001年，冰岛每3个孩子中，就有两个是非婚生子。冰岛政府甚至要求西班牙政府给予补偿，就因为冰岛女子在西班牙度假时，带回了太多的非婚子。

即便不是高福利国家，但经济程度较高的英国，也有个数据，很能说明问题，当同居的男女有了孩子之后，女方结婚的愿望，反而下降了60%。在美国，所有可以确定孩子生父的单亲母亲中，有三分之一的人故意不告诉男方他是孩子的父亲。这个母亲宁可穷一点，也不愿意与他人分享她对孩子的爱。

这些事例，充分说明，经济越发达，文明程度越高，选择做单身母亲的女人，就会越多。

波伏娃曾呼吁女性“想生孩子就生吧，只是千万别结婚，因为那是个陷阱。”当时听起来惊世骇俗，现在已然成真。正如目前看起来，大龄剩女想做单身母亲的做法有点特立独行，但随着经济的快速发展，这样的女性，肯定会越来越多。

法国电影《生活的奇迹》，暗示了今后家庭新模式的可能形态。

女人和两个前夫的5个孩子生活在一起，男朋友可以经常来看她，两个前夫也可以随时来看孩子。3个男人，渐渐成了好朋友，和那个母亲，以及5个孩子融洽相处。最后，男朋友还带来了自己前女友的孩子——这个孩子，并不是他的亲骨肉。

如此人情味浓郁的故事，其发生的前提，必须建立在有足够经济支撑的基础之上。而在当前的中国很不现实，在孩子最需要父母亲的童年，有几个人敢扔掉工作好几年，专心在家里陪伴孩子？

何况，单身母亲一旦扔掉工作，风险则变成了百分之百。

再者，现在人们越来越认识到，一个孩子成长过程中，父母需要承担的责任，实在太过重大，甚至你还不知道你做了什么，已经影响到了他的一生。

如果像冰岛那样，三分之二的家庭，都没有父亲；三分之二的孩子，无论有没有父亲，都能过上足够体面幸福的生活，做一个单亲母亲，将会是一件水到渠成的事情。但是在中国，孩子长大以后，怎样接受其他孩子的目光，又怎样接受自己的非婚子的身份？

种种种种，都给目前中国单身女性未婚生子，带来了一定的难度。除了需要一颗坚强、自信的心之外，还要改变看世俗生活的视角，才能够克服足够多的困难。

所以，不为自己，不为某个男人，只为了孩子，多问几遍是否公平、是否足够好，确实是必要的，也是应该的。

怎么看老男人突然动了情

最近，娱乐圈里的两则八卦，让人感觉实在巧合。

一是张雨绮和大自己20多岁的导演王安全，突然领取了结婚证。一是香港音乐才子，45岁的黄舒骏，闪电迎娶21岁的在读大学生。

人们会想，老男人的动情，果真像老房子着火，一烧起来，就要燃尽啊。

想起身边发生的一件事，年近50的他，是大家眼中公认的幸福男人，妻子温柔，孩子懂事，自己的事业，也是一帆风顺。无论从哪个方面看，看着都让人很安心，总觉得他的日子，从此就这么平淡而稳健地走下去了。

谁能想到，一贯自律的他，却在一次郊游时，认识了比自己儿子年龄还小1岁的女孩子，她就像路边芬芳的野花，生动活泼，天真可爱。她为他端茶倒水，他的平易近人，让她变得轻松自在，在他跟前尽情释放天性。

她叫他大叔，拿他当长辈，他却觉得她让他焕发了青春，找到了久违的激情。

一刹那，这么多年，听到的、看到的、曾经鄙视过的、也曾眼红过的、偷偷幻想过的……婚外情故事，统统涌上脑海。

为什么别人可以，唯独他不可以？为什么别人都肯为自己活，而他要压抑自己？为什么遇见了喜欢的女孩子，他就不能动心？

难道他不是男人吗？

想法一旦出现，行动就格外迅速。依他这个年龄，对付一个20出头的小女孩子，那还不是小菜一碟？

试探、短信、调情、送礼、制造惊喜，倾诉相思，表达委屈，面露孤独，偶尔情调……女孩子立刻陷入了情网，一刻一分，也不想离开他了。

那时，儿子刚上大学，家里空落得几乎有些寂寞。他心里空空的，如果不是出现了这个姑娘，还真是替下半辈子的没着没落，发愁呢。

热恋中，他下定了决心，离婚，和姑娘重组家庭，让自己的人生，重来一次。

女孩已经怀了孕，而且坚决要生下来，离婚成了必然的事情。

不仅家里人想不明白，身边的朋友同事，也大跌眼镜。那个丫头，除了年轻，真的是各方面都很一般，在中年人的眼里，甚至幼稚、简单得可笑。要选她做后半生的生命伴侣？

赔上失去家庭、孩子、存款、房子、单位几十年树立起来的口碑，只为了这么一个满大街随处可见、毫无阅历、家世平平、收入低微的女孩子。

这是不是活倒了？

他呢？他不是没有想过疯狂背后的落差。

不说结婚前，即便结婚后，一直也不乏向他示好的女人。现在想想，可能随便拿出哪一个来，素质都比这个丫头强。只要他愿意，完全可以找到各方面都更好的女孩子。

但他离不开她了，谁让在他特别渴望着重新开始一段生活的时候，偏偏就遇见了她呢？

男人，在他一生的各个阶段，可能都会发生外遇，但最危险、毁灭性也最大的外遇，一般都在45到50岁之间，外遇的对象，则是豆蔻年华、少不更事的女孩子。

在外人眼里，这样老少配，或是父女配的关系，常常令人不可思议，一个事业有成，人生阅历也算成熟的男人，怎么会对言语空洞，没什么人生经验的少女而着迷？

其实，正是女孩子的少不更事、天真烂漫，才可以为饱经世故的中老年男人带来解脱和反璞归真。而且这个时候，也是他在体能、心理上明显走下坡路的时候，年轻女孩的天真所带来的生命自信，对他自然会产生无限的吸引。

所以，我们也才更容易看到宁可闹到妻离子散，众叛亲离，也无怨无悔的老男人。

COCO 刚大学毕业，爱上了大自己24岁的男老师，为了她，他放弃了家中的所有财产，离开了妻子孩子，和她一起住到了小出租房里，当然同时，也承受了学校和同事所给的极大压力。COCO呢，父母基本和她断绝了关系，同学朋友也拒不理解，她一方面在准备考研，另一方面也在发愁，难道从此以后就和老师一起过众叛亲离的生活？

哎，真要被已婚男甩了，其实还比较好，至少她还有新生活可以开始。碰到个有钱有权的老男人呢，也好说，好歹也能图点实惠。怕就怕的是这种，不顾死活地爱了，却得不到任何人的理解。

COCO 会说，她的爱情，并不是为了钱财和地位，当然是很美丽的。

是的，爱上老男人的女孩子，多有自己的抱负和憧憬，也许是渴望得到父爱，也许臣服于对方的学识，也许是追求一种外人所不能理解的成熟，更或者，感动于对方的才华，却又独独看到了他的惶惑与憔悴，于是唤醒了母性的成分。

这份砰然心动，确实，有着很多的希望和美感。

可惜的是，男女之间的情爱，仅仅靠美感和希望，远远不够。它还必须要有共同的想法，感受与关心。而这些想法，感受与关心，又较年纪相仿的恋人之间为多。

这也就是为什么，世人并不怎么看好老少恋的原因了。因为他们之间的恋情，有着太多的主观欲望和想象，时间渐长，热情消失，双方就可能会为自己的“想像”，付出受挫的代价。

她讨厌他早睡早起讲求清净，他则难忍她任性；她厌烦他世故，他则嘲笑她冲动……

一旦出现悔意，不仅女方可能会感到受骗上当，男方也会孤注一掷，陷入绝望。因为他付出的代价太大了，却又没有够强的力量再做改变。

相比之下，男人40岁之前的外遇，至少还能做到可放可收，大不了自嘲一番，重新来过。至于60岁以后的外遇，基本属于荒谬，不会造成什么破坏性。

只有这种抓住生命最后春天的外遇，是很可怕的一个阶段。很不幸的，就让COCO给碰上了。他比她还坚决，还情迷，还疯狂，还不顾一切，她又能怎么样，离开他？于心不忍，留下来？她还这么年轻，如何承受众叛亲离的千钧重担？

要么一辈子将这种情感，保持在唯美的想象里，认定自己就是书里浪漫的女主角，要么就只能狠狠心，离开他。

了解一些老男人的动机，也就等于看到了他的局限。

世上并没有完美的爱情，非得明白了生命的抉择充满有限和无奈的时候，才会了解究竟什么才是美好的感情吧。

伤人又伤己的速婚

31 岁的她，已经有过5次婚姻。

第一次结婚，是跟A，她的大学同学。两人家世相当，出生背景非常相似，毕业后，工作情况都差不多。双方父母都很赞成他们的婚姻，为了让小两口生活的舒服，还掏了不少钱，等于一毕业，就将他们送入了洞房。

婚后，却发现问题百出。两人的脾气都不好，谁也不肯让着谁。3个月后，不约而同喊出离婚二字。

像开玩笑似的，就这么离了。突然就觉得彻底轻松了，从此没有人在身边，总让她不开心。她也开始找别的男朋友，但离婚这事仍然不能细想，一想就觉得会伤心，这才知道，无牵无挂是种幸福，有牵有挂，却是更大的幸福。

而且家产也不好分，牵扯到双方家庭太多利益，父母全都搅和进来了，8个月后，两人重新坐下来，仔仔细细地，将过去的岁月、现实的烦恼，掰开了揉碎了，谈了又谈，终于复婚。

这一次，双方都很小心翼翼。两个话题，成了忌口，一是离婚前的恶言恶语，一是离婚后那段“自由时间”。

半年后，她怀孕了。身体的不舒服，让她觉得受罪委屈，格外需要哄慰。他却没有那份耐心，几次之后，终于又有了口角。这次吵架，似乎是火山爆发，过去的不满，积蓄着能量，气势冲天。

气头上，她做了流产；他则坚决提出，再次离婚。

这次请了律师，她也狠了心，不打算再跟他过了。

家里能卖的都卖了，该分的钱，都分了，谁也不再欠谁的。那一年，她还算年轻，也还算漂亮。当时想，一定要找一个能体谅人，脾气好，宽容大度的男人。

于是遇到了B。

他大她4岁，脾气工作收入都不错，正巧他的父母在催他结婚，两人一拍即合，都有对婚姻的渴望，认识半年后就结婚了。

对这次婚姻，她很投入，也认真想过，一定要克服很多困难，有多远走多远。谁知道，问题又出现了，这回是他的家人。父母、兄弟，都不懂事，三天两头向他们要钱，婆婆态度还特横，说儿子是她养大的，现在到了该他回报的时候了。还有约法三章呢，不许找任何理由，只要开口，就得给。

她认为他无条件的顺从，根本原因，是不在乎他们的婚姻。

一年后，再次离婚。

痛苦迷茫中，重新遇到A，他也经历了一些不如意，正在心灰意冷之中。两人彼此都感到需要抚慰，不知道怎么的，就又一次结婚了。

唉。

随后，又是那些破事——不知道为什么人总是不能学会教训。离婚！

然后，经人介绍，认识了C。

和她一样，C也有过离婚史。而且大她12岁。她想，找一个有生活历练，有比较丰富的人生经验的男人，应该会彼此体谅，互敬互爱吧。

开始两年，一切都还好。随后出现了问题，C的前妻去北京打拼，工作初期，太忙，没有精力照顾孩子，就将孩子送到了他们这里。

矛盾顿时出现，直到不可调和。C认为她对孩子刻薄，她则认为是孩子从中挑拨。

说不清道不明，她还能怎样去做？于是，再一次离婚。

婚是离了，罗嗦事没了。更大的烦恼，却出现了。经过这么几次折腾，她对自己的情感，失去了信心和方向，到底该怎么办，结婚，离婚，离婚，结婚，幸福的生活，她还可能拥有吗？

也许，是因为如今离婚手续更加简便，更加人性化了的缘故，门槛低了，离起婚来，也就更方便了。

很多的都市男女，结结离离，自己不说，外人根本无从知晓，而且更多的隐婚一族，从不戴戒指，也不将另一半带到自己的圈子里。脑子里想的，怕是谁知道什么时候，就会离婚吧？

速结速离，让一些人完成了数字化婚姻的过程，进进出出，不再有从前“闹离婚”、“打离婚”等鱼死网破的血腥味儿，新一代年轻男女，没有了经济负担，不愿再像上一辈，为房子或出国等物质利益，而委屈自己。结婚，是感情到了那一步，离婚，也简单，热呼呼的感觉没有了。

社会和法律，给了离婚者更多的理解和方便，但为什么，频繁结婚或是离婚的人，还是会产生困惑，甚至还是会觉得内心凄凉呢？

只因婚姻，并非儿戏。

即便离婚成本大大降低，大家还是会对婚姻本身，寄予希望。

它代表着人们内心深藏的一些好词儿，“天长地久”、“白头偕老”、“永结同心”，它还能帮助人们增强感受性、同情心以及宽容心，总之，每一个走进婚姻的人，并不是一开始就想到随时是可以解散的。

和爱情一样，婚姻中，也会有很多的痛苦与喜悦。但和爱情不同的是，婚姻中的痛苦或喜悦，往往是一种集体意识，是由很多人组成的文化氛围，或生活体验的结晶，只要走进婚姻，就免不了要经历这些“法定”程序：家务活、脾气大小、婆婆的态度、经济收入、说话方式、睡觉姿势……烦恼的事情从来也不会间断，主要矛盾解决了，次要矛盾便上升为主要矛盾。

真是生命不息，矛盾不止啊。

离婚，真的就是彻底的解决之道？

大家都喜欢关注爱情中个性化的那些痛苦和喜悦，对集体意识的痛苦和喜悦，提都不想提，还有人觉得那是压抑自我。而这些，恰恰是爱情也无可避免的东西，因为我们谁都知道，如果他能忍受世俗琐事的侵扰、或是丈人的痛骂，才是真的很爱很爱她。

换成她，也是一样的吧，能忍受婆婆的无理要求，或好好去爱一个叫继子的小孩，才是真正的爱他。

婚姻需要爱情，需要激情，但那些绝不是婚姻的全部。用大不了就离婚，来对付婚姻中出现的问题，只会让结婚离婚的次数，从个位数上升到十位数。

上帝保佑，千万别进入百位数。

本来呢，人们结婚，是想从婚姻中学到有价值的东西的，为什么却越来越茫然?

持续多年，有过许多共同经历的伴侣生活，比起速婚一族来，确实会多一些理智，思量，责任，宽容，经历过时间的考验，他们自会明白很多爱情初期所不明白的丰富内容。

虽说勉强的婚姻要不得，可偏偏那些有人生价值的幸福体验，都需要很长的时间，才能够获得。

同步爱，如此难

恋爱近10年的他们，经历过很多坎坷。

认识他时，他是富家子弟，她是普通职员的女儿。那时他娇纵、骄傲，除了听得进她的话，谁都不服。

两人在大学里，和很多小情侣一样，卿卿我我，沉浸在甜蜜之中。

可惜，美好的日子总是短暂的。

三年级时，他的家里，突然出了大事。因受到某贪污案的牵连，家族企业百天之内破了产，几乎沦到家徒四壁。母亲最终因经受不住打击而自杀，父亲则孤苦伶仃回了农村老家。

她怎么安慰他，都无法让他定下心来。再也无心读书，他办了休学。

没有人知道他去了哪里，连她也没有告诉。他消失得突然又迅速，让她受尽了相思和担忧之苦。

几个月后，才收到他的消息，原来他竟以退学流浪四方来抚慰伤口，一路上吃了很多苦头，为了一顿饭钱，也要四处找工，受人奚落。世途冷漠中，他想起她来，自是心口最柔软的那一片天地。终于忍不住，主动联系了她。

知道他的消息，她立刻赶到他所在的城市，去找到了他，并且大包小包，给他带了不少吃的穿的。见到他落魄寒酸的样子，她不仅一把抱住他，放声大哭。

他却说，再也回不到从前了，无论是心态，还是对她的感情。他变了，已经变成了另一个人，他让她忘记他，不要再找他了。

她却觉得，这是他的自尊心在做怪，他一定渴望着过安宁稳定的生活，不会喜欢这样流浪的方式的。他吃了那么多苦头，有她还这样爱着他，他应该感激不是？

但他说完全不是这样。他已经不爱她了，也不再需要爱情了。他只想过简单粗糙的生活，想让自己成为一个卖苦力的，出一身汗后，什么也可以不用再想。

他们吵了两架后，他再次失踪。跟她连句告别的话，都懒得说。

那时她想，也许，他们真的走到尽头了。

谁能想到，一年后，他却重新回到了校园，那时，她已经快要毕业了，身边也有了新的追求者。

可是这次，他说，经过了这么久的思考，他发现，他爱的，只是她。

她再次接纳了他，他呢？回到学校，复学，重新读书，直到毕业，找到一份普通工作。

这时，他的脾气却越来越坏，工作也不再用心，收入变得越来越少。对她总是没有好声气，还冲她嚷，让她离开他。

她却从没想过真要离开他，因为他可怜，他受过伤，他需要她的照顾。她总是鼓励他好好工作，还在金钱上尽量帮助他。

就在两人同居的时候，他却又给了她第二次重创——和一个坐台小姐打得火热，还厚着脸皮说是他被缠不过。

有了这一次，她开始仔细反思自己的爱情，发现经过这么些年的折腾，她确实累了倦了，爱情，也没有想象得那么多了。既然他肯伤她，不顾她的感受，她为什么不可以离开他？

他却又来纠缠，不放她走。说如果她离开了他，他就真的成了一条癞皮狗，再也不会有什么好女人，爱他了。

就这样，橡皮筋似的，拉拉扯扯很多年。

霉运终于好转，他的父亲竟东山再起，他也得以回到老家，做上了部门负责人。

风雨过后，终见彩虹。两边家长，见证了他们这些年的情感历程，都觉得太不容易，极力鼓励这段恋爱结出果实，毕竟她已30岁了。

他却怎么也不肯应承，说自己内心苍凉，还不够勇敢，40岁前对婚姻根本没有想法，如果她愿意，等也行，但他却不能做任何保证。

这一刻，爱情在他的心里，似乎又消失了。

她大痛，自尊更是受不了，竟真的就此分了手。

她问，他们一起走了这么久、这么辛苦，为什么还是不能够找对爱的节奏？

唉，怪只怪爱情不是军训，不是所有的情侣，步调都能一二三四，整齐一致。

当他脚步趔趄、行走不便的时候，她也无法做到停下来等他，或与他一起趔趄。那么，当她希望他一起走进婚姻时，他走到了拐弯处，也自有他的道理吧。

当爱情无法同步时，人们对此常常有不同的解释。

正面讲法是：“你这么好，他根本就不配你。”负面讲法是：“你可能早让他看不顺眼了。”

还有一种话，是大家都爱听的，得这么说：“可惜啊，你们没有缘分。”

是的，恋爱，两情相悦就可以，结婚，却实在需要严肃待之，他曾经肯为退学、泡小姐而敷衍于她，此刻则不肯，说是缘分没到也可以，说是他善心大发也不错——因为，他至少不愿婚后再敷衍或欺骗她。

缘分，是一种轻松的说法。应该说，节奏难合，才是爱情的现实。

他已和18岁时的他大不相同，朴素，平实的年轻人，早已因境遇影响，脾气改变，不仅难以相处，还会放纵声色。年轻时令他落泪的事，现在可能会引起讪笑，曾经重视的人或事，也会认为不值一提了吧。

这不是她的错，也不能说是他的错。因为即便热恋中的爱人，也很难做到完全的了解和被了解，重要的是能包容彼此变化的步伐——他慢了，好，我可以等他，但同时心里也要坦然接受可能会发生的变化。

爱情是没有福德一致的回报的，无法用世俗功利的得失来计算付出和收入。因为所走步伐的难以协调，一方付出努力，也不能保证对方必然能理解或领受，没有了这份心领神会，他当然会有足够多的理由，可以不珍惜她的付出。

这很像是我们的人生，每个过程中，不可避免都会有一些阴差阳错，非常努力去做了，却要在很多年后才明白收获了什么。爱情也一样，也许会有那么一天，当对方拐弯，又多走了几步后，才能明白她今天的眼泪。

能做到同步爱的男女，需要情缘、时缘，还要有爱的智慧。

和幸福一样，真的是勉强不来啊。

未婚同居意味着什么

网友竹子和一男子同居5年后，突然被对方告之要结婚了。新娘却不是她，而是他才认识不久的一个女人。她怎么也无法接受这个事实，觉得被抛弃了，甚至比婚姻中的弃妇，更可怜可悲。

因为虽然只是同居，但亲戚朋友，甚至同事，都知道他和她住在一起。他店里的工作，她都会帮着去打点，那里的店员，会这样叫她："老板娘。"

她呢？出去见朋友，参加老同学的婚礼，都会带着他。如果有人问，她会说："这是我老公。"

两人不是从同居一开始，就老婆老公，这么叫的么？

整整5年，他没有求婚，她也不急，甚至还觉得同居时间越长，他们在一起的可能性就越大。

毕竟，生活是需要习惯的。而习惯，是很难随便打破的。

脑子里光想着习惯，偏偏忘记了"激情"二字。

这两个字，正是对付习惯的杀手剪吧。

她不能接受。

5年，不是随便一天两天的小数字，期间糅合着多少复杂的心绪、期盼、等待、付出、感动。她是拿生命在与他同居呢，可他，原来，从一开始，就没有打算，跟她白头到老。

他对她说自己要结婚了的时候，语气并没有太多的歉疚。

那神情，那架势，似乎还等着她来祝福他呢。

她昏了头，世界一刹那，仿佛完全颠倒了。白天不是白天，黑夜不是黑夜，男不是男，女不是女，连父母朋友，都不再是她曾经熟悉的他们。

5年啊，他们怎么从没有提醒过她呢，甚至为什么，都没有催促过她，要她快点结婚呢?

是不是因为时代不同了，同居成了风气，很少见到谁家的孩子，成家之前，没有同居过的。甚至还有朋友这样轻描淡写地对她说，张学良和赵四，同居了好几十年呢!

同居，似乎成了比结婚更可靠的事儿。离婚到处可见，而同居的，却很少传出血腥的故事来。

如此体贴的宽慰，她为什么不接受呢?何况，结婚，是多么麻烦的事情啊。要照相，要办婚礼，要大宴宾客，要买房子，要照顾公婆，要生孩子，要送孩子上学……

哪里有同居这么方便?

虽然每日都在一起，虽然也有柴米油盐，虽然也惦记着他的吃他的穿，虽然眼看着年岁也都不小了，同龄人甚至抱着孩子开始蹿门了。但没有结婚，只是同居，就意味还有机会，还可以有选择，而且，过得不开心，也不会有被从此套牢、再也无法翻身的窝囊感。

这，难道不是竹子的心声吗?

那么，为什么，听到男友突然要结婚，却又如此难过呢?

这样的结局，不是一开始，就已经显现了吧。

除了她怕麻烦，欣然接受同居，而不是婚姻，是不是他也同样在想，她肯与他同居这么多年，无怨无悔，本身就说明，她并没有打算与他结婚呢?

在他心里，早已将她当做了很好的同居女友，而并不是最合适的结婚伴侣吧。

他认为她早已接受了，他不会与她婚姻的事实，或者，他一直在用同居的方式告诉着她："我只想与你同居，而不是与你结婚。"

身边看到类似竹子的故事，真的越来越多。

同居多年，却会分手。甚至同居时间越长的，突然分手的可能性，就越大。以至有次在电视里，节目嘉宾认真告诫，如果想跟对方结婚，最好不要同居。

同居会带来亲昵，促进磨合，但也会消磨新鲜感，一旦分手，一样会带来无法挽回的伤痛。

竹子和男友的5年同居期，她并没有因为对方不求婚，而表示出离愤怒，或是因为时间太长，而无法接受，而是欣欣然地与他住在一起，吃在一起。

那么他为什么还要结婚呢？仅仅因为责任吗？难道身为男人，就必须对和自己上了床的女人负责？

不都是说男女一样了吗？何况，现在的女生，只会比男生泼辣，更有主意。既然她不稀罕婚姻，他何必费那个心思？

能住在一起，有人做饭，有人洗衣，双方给予的，不过是打发孤独的时间，并不是需要交付的灵魂。

因为有着这样轻松的心态，所以才会遇到为之心动的女孩，突然就会决定，尽快结婚！

不，不要同居！他又不是没有同居过，那日复一日，平淡乏味的日子，他又不是没有尝试过。同居耗费了激情，甚至还磨损了他对她的怜惜。他绝对不要相同的悲剧，再发生在他和这个可爱的女孩身上。

竹子哪里能想到，自己的真情实意，竟成了男友的教训。

同居越久，越是把同居当作自然现象，就越是容易让结婚遭遇滑铁卢。尤其是双方都习惯了同居关系，而不是夫妻关系时。

最近很多研究，都在针对同居的不靠谱。

这个不靠谱，并不是指同居本身，而是针对日后还想结婚的两个人。

如果不想结婚，只是愿意这么住在一起，彼此有更多了解，却没有更多责任和义务，而且，对一纸婚书，也不那么渴望，那么同居，应该也算是不错的选择吧。

可是，还是有很多人遗憾。

如果硬要安上一个好听的词语，我们会把同居叫做试婚，既然是试验，就要允许失败嘛。

结婚和同居根本就是两码事，有研究表明，同居的男女，即便日后结婚，离婚率也比未同居者高出三分之一。

为什么会这样？

因为婚前同居的人，本身对这段关系，就抱着一种“不一定要永远下去”的心态，所以，才会想先住在一起试试看。正因为有如此不够坚定的想法，所以遇到问题时，才很容易就冒出“不合适就拉倒”的念头。

换句话说，同居的男女，在一开始，对分手就已有一个预期。

5 年前，竹子应该也有类似的想法，所以对婚姻并没有太大的把握，才同意先同居住在一起。

既然一开始并不是冲着婚姻去的，中途又没有坚定地表明自己的立场，这个时候，又有什么好埋怨的呢。

幸好只有5年，而不是10年15年，用5年来明白一个道理，在漫长的人生道路上，并不吃亏。学会从挫折中寻到道理，才有可能找到幸福。

这么想也许志短，但谁让她同居时间太长，错过了有款有型的年龄呢？

闲情太多，有没有

小布是个年轻女孩，和要好的几个女友，会隔三岔五地经常聚一聚。

大家性格都彼此相似，说话办事，干干脆脆，直截了当，不扭捏，也不大看得上扭扭捏捏的女人。

遇到不喜欢的什么人，懒得虚伪讲客套，会一起摆臭脸。也听不进谁跑出来说，要宽容之类这样的话。

趁着年轻，活得率性简单一点，好不好？女人嘛，过了40，再四处逢源装装好人，也不迟。

都性子直，都言辞泼辣，刻薄起来，都不饶人，她们的小圈子，密不透风，竟也不容易再加进别的女孩子。

可这年春节，有女友带了一个新人进来，说此人刚刚受了情伤，孤独绝望，急需要友情，我们个个都这么好玩，难道不该给她一点帮助？

新女孩叫美丽，果真如其名一样，相貌出众。但小布一干女子，也并不丑陋，名字外号，却一个比一个简朴，这美丽二字，多少有些和她们不搭。

说是刚受了情伤，却并不能看得出来。格外妖娆不说，一落座就拉着大家讲她的生活经，说的全都是被人追求，被人崇拜，认识某某名人，谁有权有势，却对她青睐有加之类的话题。

这么斗志昂扬，又有兴致，哪里能看出受伤的样子？

小布也不客气，要她讲讲被人甩的故事，就可以了。

美丽装勇敢，摇摇头发，说没事，天涯何处无芳草？

去洗手间时，听带她来的女孩讲，美丽前几天才因失恋刚自杀过一回，她是想让她交交朋友，开开心，谁知道，她会这么不让人待见呢。

听她有自杀史，女孩们动了恻隐之心，虽然美丽说话穿衣行为方式，都做作，但她们暂且收留了她。

没有想到，一周不到，她就打起了小布男友的主意。给他发短信，口气暧昧得能掐出水来。还不知怎么的，直接就进了小布男友的QQ空间，帮他偷菜种菜。

幸好小布发现及时，及时喝令住了男友。

但她怎么也想不通，这个叫美丽的女人，分明对她们说过，只喜欢成熟成功能成家的三成男人，自己的男朋友，对她来说，简直没有一样合格。才刚从自杀线上抢救回来，这么主动出击，算是哪出？

见了小布，竟然也毫不羞耻，叫起她男友的名字来，还特别大方。小布虎着脸，一把将她的手机夺过来，看看他们到底说了一些什么。见小布脸色越来越难看，美丽笑成了一朵花，直呼“太好玩了，太好玩了。”

“你总是拿别人的男人玩吗？”小布气极，也不客气：“难怪你要自杀，真是报应。”

美丽眨巴美丽的大眼睛，丝毫不觉得自己做错什么。“没有事做，发发短信而已嘛。难道你们不和别的男生发短信的？”

这不是短信，而是暧昧，是风骚，懂不懂？小布哭了，其他女孩子一哄而上，围着美丽教训她。“你到底想干什么啊你?”

美丽想了一会儿，特无辜地说：“我能干什么啊，我不就是最近闲得慌吗?”

是不是女人一闲得慌，就喜欢拿别人的男人当靶子?

几乎相似的故事，也发生在某女身上。

丈夫分明出了轨，哭着喊着承认了。还发誓以后再也不跟那女人来往，又怪她太主动，黏糊得他无法脱身。

气头上，她去找那个女人。

第三者却一脸镇静地告诉她说，她和她的丈夫什么关系也没有，甚至连熟人都算不上，她只希望他们能好好生活。

她以为这事就此罢休，打算安下心来，接纳丈夫，好好生活。

没有几天，却又截获了女人给丈夫写的长篇情书，全是海誓山盟的文艺腔。仿佛根本没有被发现、要分手这一说。

她再问那女人，你到底要怎样?

女人依然是那话，我和他什么关系也没有呀，好不好?一切都是你多心!

有些人，好像真的分不清台词和真心话的区别在哪里。明明就是婚外恋，明明就是想插足，而且最好能轰轰烈烈，激情澎湃，享受被人死追烂打的趣味，可却就是不肯承认轧姘头，也不认为是在地下情，甚至连要好的朋友也不敢明确，为什么会这样?

人和人之间，难道不是所有的关系，都可以用词语来形容的吗?同事、同学、亲戚、朋友、熟人、路人、情人、爱人、小蜜、二奶、小三……天下有这么多好用的现成的词儿，为什么偏偏他们的关系，是无法命名的？

这样刻意地回避，应该是有原因的吧。只要打着闲着没事做的旗号，就可以不用为自己的感受去命名，所有的拥抱、亲吻、想念、调情、眼泪，甚至情话儿，都可以不用任何的名义去认领，也才可以继续在无命名的状态下蒙混。

等以后感情渐渐平淡，没什么咂摸的滋味了，她才可以对这些感受，无论是生理还是心理的，都一赖了之。

此类女人，生活中，并不少见。而且日子还过得都比较舒服，不需要焦头烂额地考虑这考虑那了，既然时间富裕，生活无忧，精力还很旺盛，那么亲爱的，让我们无风起点浪吧。

是的，一个拥有太多闲情的女人，常常是危险的。

对这样的人来说，制造折磨和接受折磨，都是一种享受。她们甚至乐意把前生后世的折磨也提前到今天来享受。

要么搞点暗恋、来点畸恋，要么就弄点不能见光的恋情、或者来点多角恋也不错。旧情人，得被唤醒；逝去的爱，得重新回味；即便是擦肩而过，那么也擦点火花出来好了。

有这么一些持久而慢性的折磨，才能使她们青春永驻，才能让平凡普通的自己，翩翩跹跹化了蝶。

这是一群自私的家伙。她们以为自己的感情很浪漫，很另类，很不同凡响，其实不过是在仿效。从古到今，有一大堆不靠谱的男男女女供她们仿效，这一大串人都摆出痴情的姿势，读着同一句潜台词。这句潜台词源于李商隐的那句著名的词："此情可待成追忆，只是当时已惘然。"

她自以为聪明地操纵着一切，一手做出撇清的姿势，一手紧挽爱慕者的胳膊。这样的动作该多么优雅啊，她可能也是知道的吧。至少比起急火火的老婆或女朋友来，要从容多了，也有趣多了，是不是?

看起来不过是她闲情大发，可损害的却可能是另一个女人。她们的快乐中不会包括那个女人，可最后的危险和痛苦，却必将她包括。

约会时你愿 AA 吗

她是一个工程师，业务主管，有不错的收入，自己有房、有车。早年谈过两次恋爱，后来精力全部放在工作上，过了 30 岁，才重新开始考虑个人问题。

最近，经人介绍，认识了一个男人。大她5岁，有6年的留美学习经历。是同行，本科时还都在一个学校。回国后，他也有着一份不错的职业。上班地点，与她离得还不远。

说起来都过了而立之年，谈恋爱，就是冲着结婚去的。她性格开朗，温柔稳重，该说的话说得好听，不该说的话，绝对不会说。他呢，略显拘谨，但时不时幽默一下，常常让气氛变得很好。

约会的第三次，两人有了肌肤之亲。从那以后，正式确立了男女朋友关系。

他偶然打电话，来她办公室，同事接，问他是哪位，他会落落大方地说，是她的男朋友。

她对他的感觉不错，不仅很能聊得来，而且心里也有依恋之感。他呢，虽然还没有向她表白过“我爱你”这样的话，但他会说，希望周末的早上，能看见她在枕边，两人一起吃早餐，一起商量去公园，还是博物馆。

仅仅从约会的情感状态看，他们是蛮般配的一对，双方都懂得节制，都颇独立，又有个性，讲究情趣。既不会因热恋昏了头，没黑没夜地要求在一起，也不会为了约会，影响对方的工作。感觉的节奏，控制得舒服、自在，一切都是刚刚好。

而且，两人收入相当，这也保证了彼此的平等。

如此般配的一对，哪里去找？大家都这么说。

可有一件事，却让她如鲠在喉，特别地不舒服，不痛快。约会的时间越长，此事就越成了她的心病。纠缠久了，忍不住在某论坛发了帖子，希望能有高人，为她支招。

原来，男人第一次跟她约会，吃完饭后，他就主动说："结账时我们AA吧。"

那时她想，对方的要求，不无道理。她不想背负吃白饭的恶名，之前很多次相亲，不管吃饭喝茶，她都会主动付款，就是因为懒得欠下人情。

第一次AA制后，第二次，不用他说，她就会拿出自己那一份。

谁能想到，从那以后，这个形式，就再也未变。

吃饭、看电影、看演出、去哪里玩几天，住旅馆、买东西，每次付账之前，不是掏钱包拿钱，而是先掏出手机按计算器，看看各自需要出多少。

送礼物？两人都没有机会，因为没人过生日，也没碰到特别的节日。

于是，半年多的交往，他们在经济上，可以说是分得一清二楚。

她心里不舒服的，正在于此。

他去国外读书的时间，并不算长，难道就已经全忘记了中国人的风俗习惯吗？

也许他公司里、或身边接触的海归都比较多，所以他总是说，他跟别人出去，一般也都是AA制。

他还开玩笑，说AA制好处很多，至少分了手，谁也不会有歉疚。

她知道他只是想得简单，而且说得也在理。但不知道怎么的，总能在这其中，嗅到那么丝丝不愉快的气味。

首先是自己委屈。

他的收入也不少，为什么却要如此小气？他不懂约会时，男人是要请女人吃饭，还要买礼物的吗？

虽然做为一个结婚对象，也许和她很般配，但还是常觉得自己亏得慌，觉得他不够珍惜她。有时甚至想，找一个没文化的，可是却愿意为她花钱的大老粗，也比找这么个海归要强吧。

再一个，她猜想他在经济上，吃过别的女人的亏。

否则，不会这么坚定地AA制，即便去宾馆开房，也会跟她算得清清楚楚。她气不过时，主动会说她来付款，他也不干，说那样对她不公。

一分一毫，都要公平，到底是本性计较、吝啬，还是洒脱、清白、不懂世故？

其实，时代进步，现在很多年轻人，都是喜欢AA制的，不管是去夜店、唱歌，还是吃饭，心里知道，友谊想要天长地久，非得AA制不可。

AA制，的确有AA制的好处，尤其结婚之前，它能让彼此更看重感情因素，而不必受金钱辖制。

可是另一方面，约会的成本，无论时间、还是金钱，男女却大不相同。她的不满，可能更多的，是因为这个吧。

对男人来说，约会无非是刮刮胡子，擦擦皮鞋那么简单。女人却不同，吃一顿小小的饭，就要花费无数。精力事小，金钱事大，让我们来粗略统计一下：

第一步，沐浴。沐浴液，洗发水，护发素，吹头发时吹风机所费电费，如果发型比较新潮，自己做不出来，还得去美发店，再花25。

第二步，房间。房间得收拾利索，脏衣服脏袜子全塞到洗衣机里去，谁知道吃完饭他送到楼下后，还要不要上来再坐坐？客厅的茶几上，最少也得买束鲜花吧？

第三步，气氛。还得自备红酒，虽然他在美国当过穷学生，奶酪干酪可能都分不清，可说不定人家会动不动就挑剔酒的年份呀。

第四步，衣服。是呀，衣服可是笔大开销。谁也不敢在这上面省钱。既要性感，又要感性，既要露点乳沟，又得遮点肚子，不能太过分，又不能太保守，衣服是种态度，比语言交流，更为有效。

还有香水、粉饼、眉笔、口红，一样都不能少！

最可怕的是，才刚出点汗，粉底就乱作一团，得，脸上块垒不平之气顿现，倒仿佛还没见到人呢，就已经吃了亏。

这还没完，还有鞋子，还有包，还有丝巾。

鞋子又分好几种，平底的，高跟的，坡跟的，这得看去什么样的地方，才能决定穿什么鞋子。

坡跟鞋适合去家常馆子，吃完还可以坐下来聊一阵，平底鞋还得视对方的情况而定，他个头跟你差不多的话，当然就不喜欢你穿高跟鞋。如果万一，人家今天情绪不高，那肯定走起路来，也就弯腰塌背，你又怎么好意思穿高跟鞋呢？

折腾下来，比起平时上班，更能让人身心疲惫。待两人坐下，还得打起精神，听对方说话。女人约会阶段，得谦逊、微笑、聆听，心里虽然不屑，表面还得频频点头，等被教育够了，饭也吃完了，结账时，还得自己付自己的那一份。

如此算来，付出的时间、精力，远远资不抵债。如此赔本买卖，既不公平，又很罗嗦，实在让人气不顺。

恋爱阶段，需要凸显的是一个追求，一个被追，如果女方的约会成本这么高，哪里还有点被追的喜悦？

话是这么说，但眼光真的宜放长远些、更长远些。

将钱先放在一边，可能更能看得清对方的脾性，何况说起来，都是中年人了，而且自己收入也不错，如果对方喜欢这样的约会方式，也得尊重是不是？

谁都知道，用钱来追，肯定比用情更简单。所以但凡大老粗，都会用这招。

经过了这么多年的单身，考量一个适合结婚的对象时，最重要的，真的不是钱，而是在点点滴滴中，了解对方的性格和心地，不要将约会的过程，也当作了投资与回报、风险与规避。

那样一来，还有什么乐趣可言呢？

再相爱，也有隐私

结婚数年，她心里有块颇大的心结。

他从不对她讲自己的情史，那些女孩子，都是怎样的，性格如何，相貌如何，他们是怎么从相爱到分手的？

他们彼此都不是初恋，尤其是他，遇到她时，他已经30出头。浑身上下，透着风流成熟的男人气息，那时她还在读大学，从没有想过，自己和如此把握不住的男人，会有未来。可是他见到她时，就眼前一亮，并且，信誓旦旦，认定她就是他今后的妻。

她当时有男友，架不住这个成熟男人的追求。他追她，简直就是易如反掌。一个月不到，她的脑海心海里，就全是他了。

他潇洒、帅气，还算多金，和女性打交道，十分自如从容。这气质不是天生就有的，她甚至一度怀疑他结过婚。

没有，他笑她："这么大的事情，我怎么会骗你呢？"

"那多大的事，才会骗呢？"

他的眼里，闪过一丝犹疑，但紧接着就说："不会的，我永远不会骗你。"

话说得笃定，可是她确定，和她一样，他也知道，这只是一句甜言蜜语。

两人结婚的时候，来了很多人。其中，不乏看上去美艳动人，气质远远在她之上的熟女。她们似乎都和他很熟悉，和他开着亲昵的玩笑，话里话外，都像在说着只有他们才懂的过去。

她的心绪大乱，不知道这个男人，曾经是怎样一个人。猛然之间，甚至觉得自己对他的了解，不仅不够，简直为零。

望着她微微皱起的眉头，他却什么也不解释。只是躲开那些女人的示好，拉着她，走向一个更安全的角落。

从那以后，他的表现，并没有什么让她生疑的地方。可是，对那几个女人的好奇，像电灯泡似的，也越来越炽热。

他和多少女人谈过恋爱，除了逢场作戏，有没有刻骨铭心的？

他像她这么大时，是怎样青涩的模样，有没有不像现在事事笃定，也会惊慌失措？

他和女人打交道的游刃有余，是自己摸索出来的，还是有谁对他的影响最大？

他曾经一定有过风流史，有过性生活混乱的时期吧？

……

她很好奇，好奇越积越多。以至看到他，就忍不住在心里发酵这些好奇。

可是一问到他的过去，他不是支支吾吾，就是敷衍了事，还拿她当孩子一般地，揉揉头发，哄她睡觉。

她觉得很委屈，断定他可能还爱着哪个女人，或者，根本就没拿她当回事！时间长了，渐成她的心病，不问点什么出来，她简直坐卧不宁。

他开始烦了，从最初的好玩，变成了厌恶。一次，她妄图用眼泪逼出点真相来，他终于勃然大怒，指着她的鼻子说："你以后再问这些无聊的事，就离婚好了。"

是啊，婚都结了，他将自己都已给了她，她总想知道的，是些什么呢，知道了，又想怎样呢？

他生气，是因为发现她苦苦追问，与爱无关，而只剩下了猎奇吧？

两个相爱的人、或者已经结婚，成为了夫妻的人之间，到底要不要隐私？可不可以将自己的过去和现在，事无巨细地，都告诉对方？

这是很多人都会有的疑问，虽然普遍的说法是，相爱的人，就应该互通有无，可即便那些心态最开放、对爱情最放心的人，似乎也知道，并不是任何事情，都可以告诉对方的。

比方，她就不会说自己脚拇指长得有点畸形，是因为少女时期长期穿夹脚鞋的缘故；而他则不愿意承认洗完澡喜欢赤条条地对着镜子看自己。

不愿意提及过去的情感，和不愿意当众剪脚拇指，或赤条条对着镜子看，其实是一样的。

这意味着它会使他暴露出容易遭到不利评价的方面，或是说不值得爱的方面。

男人不愿意表现出脆弱和女人不愿意表现出不雅观，性质并没有大的不同。

隐私这个东西，最需要的就是旁观者的宽宏大量，善意或是同情。如果他对此没有特别的把握，或是知道你转手就会将他出卖给他人，比方你的妈妈，比方要好的女友，他当然什么也不会说。

尽管生活中的隐私，对了解亲密的人，有格外重要的意义，但其实它并不是必须的。因为你也未必会将自己的所有秘密，都告诉对方。

我们都会保留一些不想让他人知道的东西，它们可能会影响别人对我们智力水平，或是人品道德的看法。

所以，她也才不当众擤鼻涕，吐痰，并且坚决否认睡觉打呼噜等等。

对她的丈夫来说，过去的情事，就是他不愿意暴露在人前的秘密，是他独特的阴暗面或是尴尬面，他觉得自己在那个过程中，背离了社会的期望，处理的手段或方式，又特别的幼稚。

他把它们归于秘密那一类，是因为它们使他显得有点傻，或是有错误，和是否继续爱着那些个女人，也许真的一点关系也没有。

他是担心会遭到谴责，或者至少是讽刺。

而那些人和事，都已经过去了，再为此而受责备，岂不是自讨苦吃?

一般来说，人在青少年时代的秘密最多，因为他们缺乏经验，对新奇的事物，对他们做过的，或感受到的私事，最为敏感。可随着一个人渐渐长大，库存的秘密，也就会越来越少。原先看起来离经判道、下流可耻的行为，现在看来，不仅能让人哈哈一笑，还觉得正好符合了人生的某些真谛呢。

于是我们经常看到，一些人中年之后，特别喜欢兴致勃勃地回忆曾经的糗事，这是因为他开始意识到，被自己认为隐私的东西，事实上属于正常人的范畴。

大家原来都是这么干的。

它需要自信，或是有相同遭遇的鼓励。

从这个角度讲，如果她真的希望，他能对她说出他曾经的情事来，不妨想想自己能否道出她内心不想让他知道的事情来——比方15岁时偷过同桌的5块钱，没有洗头或不化妆时最不想见到的那个男人是谁，等等，等等呢?

救流浪狗，也别救浪子

我收到一个叫爱丽斯的女孩子，写来一封这样的邮件：

他出生在一个不幸的家庭，父母去世很早，一直辗转寄养在不同的亲戚家里。

因为寄人篱下，缺乏稳定的爱，养成了他敏感、内向、悲观的性格，也让他小小年纪，就会将软弱和渴望，转化成愤怒和叛逆。他从来没有好好读过书，从小学到中学，到后来去上高职，每一阶段，都是有过中断的。

缺爱，就会特别希望拥有爱。是不是这个原因，他很早就谈过恋爱。而且女朋友也特别多，我从没有问过他第一次性经历是几岁，但不会超过15岁的。他性子那么野，那么烈，就像坐卧不宁的多动症患儿，在感情上，也是一样。

后来，他工作了，在一家维修厂打工。他对我说，因为帮人修车，认识过一个中年女人。她岁数不小了，足可以当他的母亲，对他也挺好。但后来，他和她有了感情纠葛，那时他才19岁，和这个将近40的女人在一起厮混了3、4年。

女人并不想和他有未来，她有家，有儿子，还有个当局长的丈夫。她只是四处寻欢。

最后的分手，以讹诈告终。她拿了一笔钱来摆平他，从此不再跟他联系。

他说他心里不幸福，从来都不信世上会有什么美好的爱情。

而我经历单纯、人也胆小，真不敢相信，却会疯狂地爱上他这个浪子。

我天真地以为我可以改变他的处世态度，想对他好，想感化他，想和他有一个温暖的家，因为只有他才会让我流泪让我心痛。他却不愿意像我希望的那样，做稳定的工作、赚更多的钱，而只想混一天算一天。还动不动就和别的女人一夜情，当着我的面说忘不掉前女友。他说对我已失去了兴趣，觉得我偏执幼稚自私。他怎样伤害我都无所谓，我难过的是我又一次让他对爱情丧失了信心……我真的很想挽救他，想给他幸福的生活。面对这样一个男人，我该怎么办呢？

像类似爱丽斯的故事，你熟悉吗？

电影里，小说里，男人都想当英雄，赎个妓女来从良；女人都想当圣母，给魔鬼男人送温柔。这真是自古不变的情结啊。

可是结局呢？

生活中，有多少女人，被浪子伤得体无完肤，甚至破罐子破摔，从此也走上情感流浪的道路。

虽然人们总是说，年轻时谁都会爱过个把人渣，而且这些渣子，常常会让女人在人生历练的道路上，变成不一般的锻造元素。但是，最终能百炼成钢、所向披靡的女人，总是少而又少。大部分女人，经历过这样一番折腾，往往元气大伤，一蹶不振。从此不再相信男人，不相信爱情，也不再相信自己。

即便找一个老实男人嫁了，感情生活也变得荒芜单调，对生活失去了热情和勇气。

所以，看到那些飞蛾扑火一样，要去救助浪子的女孩子，我总是忍不住会说："去救流浪狗吧，也别救浪子。"

那不是你小小年纪能完成的使命，把他交给更多的专业人士吧。

很多女人，都有圣母情结，想拯救一个不幸的男人。不，并不针对不幸的好男人，一个男人很好，却不幸，只配女人怜悯，不配女人去爱。

女人愿意爱的，都是不幸的坏男人。

因为她想，他坏，并不是他的本性，而只是他的不幸使然，她为他从没有体会过幸福的滋味而悲伤，认定单纯而善良的自己，才会是魔鬼终结者。

爱丽斯就是这样的典型。

男友身世凄凉，父母早逝，十八、九岁，就被好色的中年女人骚扰。这让他对女人的认识，基本停留在两大工具的层面上：一，泄欲；二，取款。

此番境遇，令她害怕，可却没有勇气离开。于是将懦弱换成大爱，发誓将拯救男友，改造男友，让他从此过上正常人的幸福生活。

于是有事没事，便谆谆教导，教义自然是她心目中的标准：干一份能赚钱的固定工作、不要随便一夜情、不要玩失踪，不要入不敷出……两个月不到，男人便深觉其乏味简单和幼稚。

于是他跑，她追，还追得痛苦心碎。

其实有心机的男人，是很会利用女人拯救情怀的。

只要表现一点无助、表现一点软弱，立刻就能让女人主动起来。但如果他对这个女人，已经没有了想法，就会立刻不屑一顾，甚至觉得对方伸过来的温柔手，是一种粗暴的干涉。

凭什么要我做稳定的工作，又凭什么拿我当赚钱机器，一夜情是能说戒就戒的吗，凭什么我要让你高兴？

他是浪子，他当然比她更有权利，追求自由天性。可她一心想改造他，感化他，像电影里演的那样：冷酷的，变温柔、凶残的，流眼泪、花心的，变忠诚、吝啬的，买别墅……真是大有“我不下地狱，谁下地狱”的牺牲精神哪。

改造男人，也是女人自古以来，难以放弃的爱情追求之一，即便是跟着他抢劫杀人，也有信心说服他变成一个替天行道的蒙面“佐罗”。

都以为自己是特雷莎修女，再大的苦难，都能对付。再坏的男人，也能令其回心转意。忍辱负重、无怨无悔，只要他能投奔光明，相信爱情。

可这世上，特雷莎修女却只有一个，没有更多。原因就是，并没有几个人真的能拥有圣母情怀，只求付出，不求回报。

比如爱丽斯，虽然口口声声要给男友幸福，可希望的，却是他能为她而做改变，过她喜欢的安稳生活，谈她喜欢的忠诚情爱。

刚刚恋爱，就想到了家庭生活，刚种下跳蚤，就想收获龙种。

越是平凡的女人，却越是容易幻想轰轰烈烈的爱情，越希望自己的故事与众不同。想要不同，当然得从原材料下手，平平常常的男人，肯定不能造就不平凡的爱情——唯一的办法，就是爱上一个不该爱的人，比方已婚者，或是一个危险的人，流氓、浪子、暴徒，反正和别人不一样就行。

其实，恋爱和吃饭一样，是要量力而行的，在不是特雷莎修女之前，更不要急着去拯救坏男人。如果真想为坏男人做点什么，不如好好生活，和一个天真开朗的男人相爱。让坏男人也看看，这世上本是有干净纯美的爱情的。然后，说不定某一年的某一日，阳光，就照进他阴暗潮湿的心房了。

这，才是最好的拯救方式呢。

第三部分

两情相悦时，健康魅力爱

谁在爱与性中，没有经过心灵的痛与悔？

身体欲望与心灵平静，该如何达到和谐？

多少错、伤、误、罪，都是在这个过程中发生的。

只有学习和感悟，才会让人学会宽恕、懂得自尊。

并且，因为理解和同情，成为你人格魅力的重要部分。

亲爱的，我爱你

女人小菲讲了一桩令她至今痛惜的往事。

15年前，她刚满23岁。正是年轻貌美的好年华，和相爱3年的男友，到了谈婚论嫁的时候。偏偏，去见准婆婆的那天，她因为头天晚上太紧张，总睡不着，结果起床迟了。等到了约定见面的时间，她才刚刚出门。

婆婆是个规矩很大的女人，曾经出身显赫，虽然家道中落，但多少还是有些爱摆谱。男友早早就告诫过小菲，一定要准时，见了要懂礼嘴甜，要送礼物。只要过了头次见面这一关，后面的事，就好办了。

小菲紧赶慢赶，因是周末，路上又遇到堵车。到了酒楼，已经迟到整整一个小时。

准婆婆穿戴一新，脸上的表情，却已是忍无可忍。见到小菲跑过来，客气话都不再会说，当头一棒，直截了当："你这是在给我示威，还是怎的？"

小菲忙不迭地道歉，却突然想起匆忙中，忘了带礼物。是一个皮包，男友跟她一起挑的。她傻了眼，不知道该怎么应对。准婆婆开始只是生气，再见到她呆呆的，连句好听话都说不囫囵，不由失望透顶，看儿子的眼神，都带上了鄙夷。

这次吃饭，虽然继续了下去，但老太太心情显然糟糕，对小菲也很不满意。话里话外，言辞就变得不客气起来。听到小菲家境贫寒，她的口气也尖酸起来。再三暗示她配不上男友。男友打圆场，维护小菲，准婆婆就黑了脸，说："听你说还是听我说？要是你爱讲，那叫我来干什么？"

小菲深爱男友，两人情深意笃，早已到了无法分离的地步。可是，老太太这一搅和，让小菲却对未来，充满了担忧。

果然，见面之后，男友的态度，也就开始变了。母亲不喜欢小菲，认定她不是他的真命天女，非要介绍另一个家世、学历、相貌都不错的女孩子给他。男友自小跟母亲相依为命，从来也不敢有违母亲，他也陷入了两难。

两人的甜蜜期，就这么结束了。争吵像道碗口的裂缝，一旦出现，感情就不再完整了。无论转到哪个角度，都能看见那个豁口。小菲不相信男友会因为母亲，而疏远自己，男友却不满小菲，为什么不能为了爱情，做点牺牲。

两人都年轻气盛，都不懂事，都觉得自己委屈，对方不够体贴。男友的母亲，不肯接受小菲，觉得她心里根本没有自己，结婚前就敢迟到，分明是不拿自己当回事，等结了婚，还不要把自己踩到脚下？

小菲呢，心里万般委屈。她从来都不是势利刻薄之人，做人做事，甚至有点傻傻的不开窍。哪里会对未来的婆婆有坏心眼呢？

男友夹在中间，也左右为难。一边觉得母亲有点小题大做，一边又觉得小菲也给他丢了脸，甚至小菲总是哄不转母亲，本身也是让他为难。

故事的高潮，是那次见面后的两个月。小菲的爸爸来城里看病住院，男友去看了他，却遭到母亲的痛骂，说要见也该亲家来先见她，哪里有他主动去见女方亲爹的？

小菲气极，敏感的内心，再也忍受不了。本来看见父亲躺在病床上，就觉得自己很可怜，男友能给她支持，自然是莫大安慰。偏偏，他却不敢再来，还哼哼唧唧，说母亲觉得受了怠慢。

小菲心力憔悴，和男友站在街边争吵。气头上，禁不住说出了分手的话。

男友眼睛立刻红了，这一段时间，他何尝不是也很累，也很痛呢。他发狠地问她："你是当真的？"

小菲说是。

男友说："要是你真的想分手，我是绝对不会勉强你的。"

小菲大声说："是的是的，你和你那个古怪老妈见鬼去吧！"

男友要走了。走之前，看着她，仿佛在等她最后的回心转意。可是她紧紧闭着嘴，什么也没有说。

两人就这么分开了。

都正年轻气盛，都不可一世，都觉得世界很大，山不转水转，都还不懂得珍惜爱和所爱。

"真的就这么分手了？"

"分了。那个痛啊，简直撕心裂肺，随后好多年，都缓不过来。甚至影响到了我之后的婚姻。"

"那当时，他走之前，你为什么不挽回呢。你难道没有想对他说的话吗？"

"亲爱的，我爱你。这就是我想说的话。"

"为什么不说呢？"

"说了，不就是承认我错了、服输了、求饶了、告软了？"

什么时候，"我爱你"，变成了服输、求饶、告软的代名词呢？

作家蔡真妮，写了这么一个听来的故事。

一对夫妇在婚后11年生了一个男孩，夫妻恩爱，男孩自然是二人捧在手心里的宝贝。男孩两岁多的一天，丈夫在出门上班之际，看到桌上有一个药瓶打开了，不过因为赶时间，他只扬声告诉妻子把药瓶收好，然后就出门上班去了。

妻子在厨房里忙得团团转，就忘了丈夫的叮嘱。男孩看到药瓶，觉得好奇、又被药水的颜色所吸引，于是拿起来一饮而尽。

药水成份很厉害，即使成人服用也只能用少量。男孩服药过量，被送到医院后，返魂乏术。

妻子吓呆了，不知该如何面对丈夫。紧张的父亲赶到医院，得知噩耗后非常伤心，看到儿子的尸体，他望了妻子一眼，然后只说了几个字。

作者叫读者猜，这丈夫说了什么。

有人说，一定是："是我不好。"还有人说："你还有我。"

可是丈夫说的是："亲爱的，我爱你。"

这句话，真的非常感人。而且，越想，越会觉得，它饱含了智慧、大爱、勇气和承担。

在一个瞬间，他放下了怨恨或是惧怕，甚至放下极度的悲痛，而去迎接未来的生活。在说出这句话的时候，当事人已经选择了让命运朝好的方向去走。

现在，你我是不是对怎样处理那些情感，或是人生的矛盾，有了更深的体悟呢？

分手还要做朋友吗

老同学离婚后，一直放不下的，不是房产证名字还没有改成她，不是财产分配是否公平，股票和存款，到底哪个多哪个少，也不是儿子和对方的新女友相处是否和谐，不是那个第三者得逞后该多么得意，甚至也不是自己失眠无救，心情近乎崩溃。

不恨，不悔，不气急败坏，而是前夫肯不肯认她做朋友。

可以离婚，可以解除夫妻关系，可以抹杀恋爱时的欢乐，可以忘却分手时的吵闹、痛苦与计较，也可以接受孩子心灵的伤痕，忍住自己的悲痛，但，绝对不可以真的就此成为陌生人。他走他的阳关道，我走我的独木桥。

都什么年代了，离婚还要闹到老死不相往来吗？

那样，会不会太老土，太落伍，太显得没文化了？

能不能做得雅致一点，随和一点，从容一点，淡定一点呢？

如果朋友问起来，她还可以说，书是从前夫那里借的、衣服是前夫给买的、这东西好吃，买点送给前夫、那人是前夫的好朋友、她呀，是前夫的现女友。

老同学读书时，就有那么一点不切实际的文艺范儿，谁知这气质，竟不随结婚生子，而改变。

前夫呢？前夫对她的这个要求，能应和吗？

他是男人，背叛了老婆孩子，离家后，还能被如此接受，应该感到高兴和庆幸吧？

偏偏没有。躲之不及的，竟然是他。

老同学却契而不舍。

在她看来，离婚后，两个人还能保持一种朋友关系，非常重要。除了能安慰自己，不让伤口裂得那么疼痛以外，保持联系，还意味着她曾经的社交圈就不会断裂，不会给共同认识的朋友们造成困扰。

两方曾经的家人，也不会变得陌生。

要知道，她和自己的大小姑子关系都很不错。而前夫熟悉的那些有趣的朋友，也不会因为他们离了婚而离她远去。

她是个对人际关系，看得相当重要的人。

于是，离婚后很长时间，她还是会经常主动跟这些人联系。约前大姑子一起去做按摩，叫前小姑子一起去逛街，为了表示自己是个宽宏大量的女人，她还为她们埋单。

周末，她主动打电话，约前夫曾经的朋友一起出来吃饭。毕竟离婚前，她和这些人是常常在一起吃饭、聚会、聊天的，那时她就坐在前夫的身边，听他跟这些人滔滔不绝，彼此笑话不断，看他们杯觥交错，还常常替前夫挡上几杯呢。

这样快乐的生活，总不能因为离了婚，就一笔抹消吧？难道她和他们，不都还是朋友吗？

可是，事实却不尽如此。

即便她付出了时间、心血、还有金钱，满心希望着所有的一切，都还能和从前一样，只要她拿出灿烂的笑容，用上良好的态度，再配以大方的举止和谈吐，只要谁也不提那个伪君子——哎，好吧，就算提起来了，她也能做到从容不迫——总之，只要她没有什么改变，她和他们，就还能和从前一样，不是吗？

偏偏不是。

前大小姑子，要么迟迟不接她的电话，要么接了她的电话，也能找出无数理由，推托这样的见面。老同学毫不气馁，甚至等在楼下，不停按汽车喇叭，简直就是胁迫，也不怕引起公愤。

好了，商店转了，牛排吃了，衣服也买了，她也送了她们礼物，可她们的语气、眼神、动作，就是和从前不一样了。

现在她们很客气，每句话出口之前，都仿佛要在嘴里先涮一涮。

她们从不跟她谈任何关于自己兄弟的事情，甚至连侄子也不过问。她们也不跟她谈最近的生活和工作，而这些内容，曾经是她们主要话题。

现在她们谈什么？奥巴马新政，明星诈捐门，西南旱灾，某高官被抓……

而他的那些老朋友，老同事，老搭档，老客户呢？

唔，他们和前大小姑子很不同，他们比她们更愿意谈点什么。

和前夫最近联系了吗？

需要我们再做点什么工作吗？

儿子有困难就吱声啊。

那个姑娘哪点能比得上你啊，你要不要我们帮着给介绍个男朋友？

家里有重活累活尽管说，千万别客气。

你放心我们永远支持你，男人真他妈的不是东西，我们是男人我们也看不惯……

可这些话题，偏是她最不想听的、不想说的。

事情和从前明摆着不一样了，如果说离婚是一波打击的话，曾经的朋友，变得不再合自己的心意，是一波更重的打击。

她认为所有的问题，正是出在前夫没有拿她当朋友看。如果他们还能是朋友，这些关系，就不会发生变化。

这像不像是皮和毛的关系？

老同学聪明一世，糊涂一时，皮之不存，毛之焉附？前夫是皮，他的老友们是毛，皮走了，毛当然也纷纷跟着皮走了。

前夫不肯直接对她说，自己并不想跟她做朋友。

按着他的想法，这事儿社会自有其约定俗成的做法，大部分离婚夫妻，不都是仇人相见，分外眼红的吗？我们按着大家的路线走就挺好，干嘛要整那些妖蛾子？

希望像谢贤、狄波拉那样，各自带着自己的新欢，约到一起去喝茶？

大姐，拜托，祖国大地刚刚脱贫，不要这么不现实好不好？

前夫心里跟明镜似的，其实也晓得老同学这是什么心理。

做朋友是借口，想补偿才是真。即便离了婚，可还能互相来往，气氛也不错，知心话还能说——她要的，不就是这个吗？

只是前夫已有新欢，而且正在兴头上，找感觉和躲麻烦，一样的重要。

老同学为此难过了一年多，一直摆不正自己的位置。终于，前夫再婚了，给她发了邀请函，而且特地有注明："礼金交往××处。"

我说，得，这会儿他一定已拿你当朋友了。

要知道，真朋友，他是不会放过你的礼金的。

理智气壮的第三者

人们经常奇怪，明明知道做第三者，如过街老鼠，人人喊打。而且，结局完美的，并没有几个，可是为什么，总有女人，前仆后继，长江后浪推前浪？

见过爱演苦情戏，偷偷摸摸做小三的，当然也就见过招摇过市的豪放派小三。

索性将网名，改成了阿三的女孩子，正属于后者。

做第三者之前，她对那种和已婚男人纠缠的女人，打心眼里很不屑。觉得她们是自讨苦头，害人害己。而且对那些出来玩的已婚男人，也很厌恶，有了妻子，还跟别的女人交往，明摆着就是贪婪而已。

很少有男人真的肯为第三者而离婚，所以，她也看到，有很多主动去做第三者的女孩子，索性一开始就很现实。尽量多花对方的钱、请对方买礼物、带出国去玩，分手时，还会要一笔补偿费。等到岁数稍大，找一个条件岁数都跟自己差不多的老实男人，结婚了事。

但阿三觉得，她和这些女孩不同，她并不是要图对方什么，而且那个男人，说实在的，也并没有什么钱，没有什么地位，只是一个普普通通的中年男人而已。

可是她就是爱上他了，而且在一起已经4年了。

和很多婚外出轨的男人一样，他也一直说着，要跟妻子离婚——他妻子的精神状况不太好，神经兮兮的，总怀疑他在外面有女人，而且一闹起来，就不管不顾的，给他一点面子也不留。

男人结婚很早，很快就有了孩子。也许是因为那时年轻不懂事吧，等过了些年，他就发现其实两个人并不适合，可是已经晚了。

他们之间，早就没有爱情了。而且他心里会很恨老婆，过日子，也只是在敷衍她，让她尽量不要发疯而已。

阿三未婚，已近30，再不结婚，就可能蹉跎掉了。对两人的未来，信心也不是很足，家里人都在催，特别气馁地时候，也想过索性分手好了。可是，这个男人总是握住她的手，要她跟他一起战斗，信誓旦旦说，他一定会离婚。

他还说，如果阿三，真的离开了他，那么他的生活就一点也没有指望了。以后肯定活着就成行尸走肉了。

不想看到一个男人那么脆弱，也是阿三舍不得离开的原因。

她知道做小三很不齿，可是她坚信，自己和别人的情况，确实不一样。

他们彼此是真心相爱的，只是错过了遇到的合适时间而已。男人总是对阿三说，如果早10年遇到她，他的人生，绝对不会是这样了。

最近他的精神病老婆知道了这事，疯子似的给阿三的公司、父母写了告状信，还说要请媒体出面评理，如果他继续提离婚的事，她就会当场自杀在他们俩的面前。

这样的话让人毛骨悚然，也让她更加同情和相信他了。

说老实话，阿三并不怕大奶的威胁，她这么一闹，她的态度比起以前来，反而更坚决了。

她觉得，既然爱情没了，婚姻就失去了意义。

对一桩失去了意义的婚姻来说，她为什么不能理直气壮的做一个第三者呢？

阿三这样的女孩、这样的想法，可能一定不在少数吧。

只想着理直气壮，却没有想过，任何一件失去意义的事情，背后都有时间大神，在做功的。

男人结婚前，妻子并不是“精神病”吧？为什么一结婚，妻子就成了“妄想症”呢？就成了总怀疑他在外面有女人的疯婆子，如果他好端端的，站得直坐得正，她为什么要怀疑他呢？

会不会N多年前，在阿三或阿四、阿五遇到他之前，他也对另一个女人说过同样的话，让我们一起坚持吧，走到我离婚的那一天！

在他这儿，离婚成了一个炸药包，只是他绑在自己一个身上嫌太危险，所以非要拉个垫背的，被炸人数多一些，说不定自己还能留条小命？

他就是这么想的吧，否则离婚就离婚，为何要拉住另一个人不放？

现在好了，阿三的名声坏了，这事很可能会让人在背后指指戳戳一辈子，甚至到孩子辈，还会有人会这么说：“当年这孩子的妈咪，可是做过小三的哟。”

虽然这个年代，搞婚外恋情，简直就要成为一种美德了，跟已婚男人纠缠的女人数不胜数，但闹成妇孺皆知的丑闻的，却还是不多。

大家都比较藏着掖着，即便口口声声有真爱的，也不敢公然跳出来说：“我只是晚遇到了她10年。”

因为这话说出来，是要被人啐的。

事情总有个先来后到。就好比你想要的套装，换季大减价20%，兴冲冲地买了，路过另一家店，却发现对方已经狂减50%。怎么办？降价商品又不能退，总不能撕破脸去百货商店闹吧。

还有，他去饭店吃饭，点了盘菜，吃了两口，发现不如旁边一桌的另一盘菜好吃，于是就端着盘子，要求服务员去换那一盘来。

只有那种完全不顾情面，或是不懂人际关系的人，才能做得出来。

时光不能倒流，这是小孩子也懂的道理，有些成年人，却硬装作不懂。

何况人不是套装，也不是一盘菜，不愿意穿不愿意吃，扔到一边就可以了。身在婚姻，有老婆有孩子，还热衷于谈恋爱，或是惦记着下一段的婚姻，那就是贪婪而已。

可惜的是，很多女人，还是要把男人的贪婪当做爱情。

为什么要这么善解人意，替他分担婚姻的不幸，替他承受名誉的受损，还要替他担忧未来的希望？

年轻姑娘，可以对人说："吃一嵌，长一智"。因为她有青春和美貌，还有机会和好男人重新开始。30将至的女人，怎么还有这样的闲功夫，沉醉在受虐的快乐中？

身处婚姻，出来偷吃，高龄一把，没权没钱，还将自己的情人，弄到如此悲惨的地步，这样的男人，实在是没有一样可圈可点，可她不仅死心塌地，还想博人赞同。

说老实话，阿三啊阿三，你还不如自己唾弃的那些捞世界的女孩子呢，至少她们知道自己需要什么。

这份理直气壮，真是用错了地方用错了人。

男友和闺蜜

小米最近很郁闷。偏偏心里不爽，还难以启齿。

让她难受的，都是她最亲近的人，离了哪个都不可以。

一边是她的男友，一边是她的闺蜜。

这几个要好的女朋友，是从小就在一起玩的，熟得像是姐妹，谁爱着急，谁爱使坏，比自己都摸得清楚。

按理说，她带男友去跟她们认识，是拉近关系，希望男朋友通过朋友们更多地了解她，也希望女友们能接纳男友的加入，使她们的友情，更深一步。

小米的男友，是学理工科的，人很本分，不抽烟不喝酒，时髦的游戏，一款都不知道。这么干净纯真的男生，现在真的很少见了。

平时两人在一起，说得大多只是一些情话。他逗逗她，她气气他，除了这些情话，很少再有别的话题，但她很喜欢。

可谁能想到，进到了女友的圈子里，他却和平时判若两人。

之前，小米对女友们是这么介绍他的，“单纯、害羞、不会玩、话很少、一本正经。”

那潜台词就是：“不花心、没谈过恋爱、爱学习、事业心强、人正派、特让人放心。”

谁知道，见了一帮女孩子，男友却表现出让小米从来没见过的另一面。

突然风趣十足，虽然讲的都是冷笑话，节奏却拿捏得特别合适，总能引起一阵又一阵的爆笑。

让人吃惊的是，他却能忍住不笑，一脸见怪不怪、坐怀不乱的表情，哪里还是小米所形容的新手呢？

等到吃饭时，几个女孩子窜掇着要喝酒。小米没拦住，只好投降。男友却兵来将挡，水来土掩，一点也不像小米说的，滴酒不沾。

不仅敢喝，而且会喝。几个女孩挨个敬，他也不推，豪气十足地迎战，完了脸不变色心不跳。

小米暗暗吃惊，原来这么久，他一直在潜伏啊。

等和女友分了手，她就生起气来，质问男友，刚才那算哪一出？

突然像换了一个人似的，打了鸡血似的，怎么跟我在一起，从没见你这么风趣这么能来事啊？你是不是看上谁啦，这么兴奋干什么呢？

男友赶紧辩解，没有啊，我这不是就想好好表现，为你争光吗？

小米这边还没领情，女朋友那边也起上了哄。

你这男友不简单啊，哪里像你说得那么呆头鹅呢？你这么包装他，是怕我们会抢是不是？

小米啊，以后我们再有聚会，你可必须带男朋友来。他太能活跃气氛了，比起你来，可有意思多了。这么吧，以后你就可以不用来了，我们直接叫他好了。

小米气得要吐血，知道这帮闺蜜是在开玩笑，可心里就是不舒服。

这以后，到底还要不要带男友出席女友活动呢？

小米的疑惑，可能很多女人都会有。自己要好的女友，同事或同学圈子，需不需要将恋人或是丈夫也拉进来？不单单只是认识，还要亲密无间，彼此歌颂，互相娱乐？

大部分男人，在家里都是不大和妻子开玩笑的。就像张爱玲的《倾城之恋》，范柳原和白流苏结婚之后，他的笑话，就该会对别的女孩儿说了。

家就是家的样子，调笑幽默讽刺刻薄，夫妻之间，似都不适合。

有女人怕丈夫不乐意她在外面寻开心，又想给丈夫业余生活增添点色彩，于是将老公拉进自己的闺密圈里，却发现平时话很少的男人，在这样的场合，却像换了一个人似的。不仅和若干女友应酬得水泄不通，而且将她冷落到了一边。她不快，质问，男人颇为诧异，答道，那都是你的朋友，难道你不希望我对她们热情一点？

是啊，要是他当着她女友的面，还是和平时一样，闷闷不乐，或者沉默少语，彬彬有礼，她会开心么？

再或者，他当着她女友的面，闷闷不乐，沉默少语，彬彬有礼，可背着她，却跟她们又是调情又是玩笑的，她会答应么？

还有，他当着她女友的面，闷闷不乐，沉默少语，彬彬有礼，待转过身，就跟她唠叨，这些个女人，没一个让人省心的，以后不许你跟她们混了。她能接受么？

还有还有，他当着她女友的面，闷闷不乐，沉默少语，彬彬有礼，她们一走，就跟她夸奖这个或是调侃那个，她可愿意？

……

瞧，不管他怎么做，可能都没有一种状况，能让她觉得既快乐，又正常。

男人会这么想，既然和她有亲密关系，她的女友们，也就都是他的好朋友，是属于那种亲切熟悉却不会暧昧的女人们。

无论她们看他，或是他看她们，就都是安全的。有了她这个大保护伞，他们彼此之间就很放松，很痛快，开些玩笑，说些调皮话，那只是为了玩得高兴，而且谁也不会觉得逾越或过分。

他们就像那些个有父母罩的小淘气，出门前父母鼓励说，玩，使劲去玩，结果一不注意就玩得过了头，却怎么也没想到，父母竟不高兴了，责备他们为什么控制不住，一玩就没了节制？

这就是问题的关键了，既不是闺密们觊觎她的男友，她的老公，也不是男人轻浮，想占女友们的便宜。这件事只能说明，女人的闺蜜圈，不适合让男人掺进来。

世上有几个男人，乐意在活泼漂亮的女人堆里，眼观鼻鼻观心，不露声色正襟危坐呢？

再好的朋友之间，也需要距离。再亲密的夫妻关系，也需要保留有自己的天地。

自己的朋友，就是自己的，需要付出心血和热情去交往。

不管拉扯进来谁，都会间离你和老友的关系，从而让你变得无足轻重。

同事上班时8小时见面已经足够，下班再聊定牵扯是非；朋友三月半年一聚，讲点隐私已够消化，说得再多只会落下闲话。

又不要做五世同堂，何苦熟不拘礼、亲上加亲，连男友老公都要搭进去？

既没有必要对他喋喋不休自己的女友都说了点什么，或是做了些什么，也没有必要为了赢得他的认同，就拉他入伙。

你的女友你做主，正如他的朋友、客户、同事、弟弟……你也不能因为熟悉、因为有老公罩着，就可以随便撩拨、公然调情，是不是？

是因为性格奔放，不适合结婚吗

我认识一对夫妻，年轻风趣，热情开朗，都很聪明，热爱艺术。可遗憾的是，三天两头，不是大吵，就是大闹。

这不，结婚3年，几乎每个月都有“战况”爆发，除了口角，还大打出手，甚至当着亲戚朋友的面，也会摔烂瓷器，打破家具。

因为两人都是学艺术的，所以就有人猜测，是不是这份工作的性质，决定了他们性格的天马行空？

他们自己也承认有这个因素，但另一方面，也说，正是因为职业特殊，并且相同，结婚前曾想得很美好，认为志同道合，才更能互相理解。如果找一个圈子外的人，也许还不能理解。

都极向往自由，受不了束缚。婚后才发现，婚姻是现实世界最大最无形的监狱，不仅捆住了身，还要戕害心灵。

并不是说谁是坏人谁是好人，而只是不适应过日子。

家务没有人做，她不喜欢，他更不喜欢。

都在想，琐碎庸俗的买菜做饭，或是婚姻的约束和节制，实在很容易磨损人的心智，使人失去想象力和创造力，影响灵感的发挥，这是他们都不愿意看到的结果。

可是婚姻生活，就是罗里八嗦的总和。要面对各自的家人、做不完的家事、有说不完的是非八卦、还得互相迁就和容忍。

他脾气不好，一动怒就扔东西，结婚一个月，就将她最喜欢的花瓶给摔了。虽然事后他道歉也快，可是她却觉得特受伤害。

她的性格，是不会跟他大吵大闹的，于是自觉躲开，不跟他照面。

第一次出轨，就是因为要躲他。单独一人去了酒吧，遇见个献殷勤的男人。心里也是特生他的气，跟那男人上床时，觉得终于赢了他。

以后这样的时候就多了，似乎不这么报复一下他，心里的火气发泄不出来。

当她不再珍惜婚姻的时候，他也就不在乎她了。

他们彼此有外遇，渐渐成了公开的事。

两人都不愿拘泥于自己的已婚身份，身边总有这样或那样的异性朋友，付出的时间精力，渐渐比起给伴侣的还要多，争吵自然而然的，就发生了。

接到业务，或是赚到一笔钱，就盼望着出门透气，寻找创作题材。走得总是离家越远越好，时间甚至长达半年一年。

外人看着，多少都会觉得奇怪。因一句不和，便形同陌路，突然感觉来了，又紧紧拥抱。不要孩子，不做家务，虽然推开家门，里面应有俱有，却总感觉，像是进了单身宿舍。

只好啧啧，说人生如戏。

虽然，大打出手无数次，也嚷着离婚千万遍，但毕竟多年情感，还是有所不舍。流着泪发誓，再也不要这样互相伤害对方。

为此，还参与了专业人士办的婚姻修复治疗，当着婚姻治疗师的面，尽情地诉说对对方的要求和爱意。还参加了一些小组活动，为此推掉工作约会，真心诚意地希望，能在那些如幼儿园孩子玩的游戏中，找到夫妻的默契和感觉。

离开治疗师时，彼此发誓，约定两年之内，好好过日子。

可是，不到半年，就又出问题了。

他再次控制不住，一点小事，就举起椅子，去砸茶几。她也没有客气，把碗碟全部摔碎，那一声声碎裂的声音，正是在说："不过了"。

结婚前，两人也曾爱得要死要活，打心眼里认为，自己的爱情，无与伦比的精彩和浪漫，其他所有人的婚姻，都是沉闷无聊得过且过的，只有他们，创造出了让人眼前一亮的婚姻模式。

外人看着不解，只好啧啧："戏如人生。"

因为多次闹过分手，也有多人去做过劝解。朋友亲戚的话，无非是大同小异，比方婚姻生活，需要规矩，要多从对方角度考虑问题，要拿出过日子的热情来，当然，能生个孩子，就好上加好。

这些话，显然和他们的生活理念，背道而驰。

难道要我们像其他人一样单调乏味、自掘坟墓？

那怎么可能！

离婚的时候，周围的亲戚朋友都松了口气，似乎就盼着这一天呢。他们给他们的评价是：“这样的气质，不适合结婚。”

不能有平静的家庭生活，真的是气质的问题吗？

从外表看，像这对夫妻一样活泼好动，热爱自由的人，也不少，但并不是所有天马行空的人，婚姻都不长久。相反，不少人的生活过得有滋有味，还颇令人羡慕呢。

其实，他们之所以变化无常，可能只是因为对生活的认识，流于肤浅吧。

越是选择了有别于大众的生活方式，严谨自律与心灵对美好情感的追求，就越是重要。否则，必然会如这对小夫妻一样，陷入混乱的状态，得不偿失。

这就像是孩子学绘画，因为没有受到训练和禁锢、从不被外界污染过，对色彩和线条，自然有着天然的丰富想象，一描一绘，都发自纯真天性。

只是随意地将色彩涂抹到画布上，就能做到很好看，也颇有创意。

外人看起来，不仅热闹，还颇有情趣呢。但画面内容，其实却是经不起推敲的，99%都是幼稚简单的涂鸦，没有任何意义可言。

之所以会这样，只是因为孩子不懂控制、调节和变化。所以，画布上即便色彩很多，却没有独特而丰富的内涵。

像不像年轻夫妻？表面看起来，颇有姿彩，内里却脆弱无比。

其实，真正的活力、热情与自由，从来都是珍贵而有限的，绝不是靠漫无节制的“博爱”、放纵不羁的轻佻、不加约束的逃离来展现的。那些只是表层的表层，是没有经过思索的下意识，和孩子在画布上的随意涂抹，没有什么区别。

值得令人敬重，并由衷羡慕的自由，必须靠自觉自律的日常生活、靠对心灵版图的不断追求和丰富，才能获得。

一个会控制和掌握情感、能将自己的生活，过得有条有理，波澜不惊的人，才会从容自在，更接近自由和幸福的本质。

他们不仅不会缺少激情和活力，相反，凭借真挚朴素的情感，只会让自己成为更深刻、更成熟的人。

穷女人的工作和恋爱

中专毕业、没有丝毫家庭背景的BOBO，想在大城市里站稳脚跟需要付出很多的努力。十几年过去了，终于从一个打工妹，做到了高级白领。

买了房，买了户口，还在公司入了股。走在这座城市的街道上，也可以像很多本地人一样，头抬得高高的，谈笑风生了。

就在她刚松了口气的时候，公司却因资金周转不利，暂时关门。

她和一大批中层干部，都被待岗停薪。于是，这几个月里，靠着手里的存款，过起了闲散生活。

忙忙碌碌十几年，从没有好好休息过，心想正好借这个机会，也给自己放松放松。同时，她还有个打算，想利用这段时间，把个人问题解决掉。

BOBO 今年36岁了，26岁那年，有过一次短暂的婚史，只保持了3年多，彼此工作都太忙，都是要强之人，谁也不肯为带孩子做家务牺牲自我，3天一大吵，两天一小吵，最后一拍两散，孩子送到了她老家的父母那里去。

现在儿子8岁了，前年和父母一起来到她的身边。因为有过第一次婚姻的教训，她希望能结识一个照顾好家庭、脾气性格也够好的男人。

至于对方挣钱多少，并不重要。

利用放假这段时间，BOBO广泛发动亲戚朋友，为她介绍对象。一口气见了好几个男人，周边城市有合适人选，也不放过。她是实在人，一般都会对那些男人实话实说，告诉他们，自己最近没有工作，但存款还有一些。

因为她对对方的经济状况不是很挑，所以见到的，也都是些很普通的男人，干部、职员、教师等等，可谁知道，这些男人，一听到BOBO没有工作，就立刻表示，以后再说。

她再三解释，这只是暂时在家休息，等恋爱有了眉目，自然会出去工作的，她并不是那种依赖男人的小女人。而且她有房，有存款，并不存在经济困难一说。

但男方的反应都差不多，那就等找到工作后再说吧。

BOBO 承认，在茫茫都市，自己是一个不那么富裕的单身母亲，可那些男人，无论是工作，还是收入，也谈不上比她又好到哪里去呀。

那么他们的底气，又是从何而来？

难道这世上，过了30的穷女人，就不配再有一份好爱情？

工作不是不可以重新再找，只是一旦开始工作，又将会是新一轮的奔忙。BOBO是个标准的工作狂人，对工作的热情，远远大过吃喝玩乐。不全是为了升官或发财，而是从中能找到真正乐趣。

她很难想象，晚上不加班，而是去吃饭喝酒谈恋爱会怎么样。

似乎陷入了两难境地——找工作还是谈恋爱？

现代都市里，像BOBO这样的女人，还真是不少呢。

哪个从读书伊始，没有被谆谆教诲过呢？要自力更生，要自强不息，要赚到足够多的钱，才有条件想爱谁就爱谁，反之，想不爱谁就不爱谁。

当然，话也可以反过来讲：女人总是要嫁的，学得好不如嫁得好。嫁汉嫁汉，穿衣吃饭。

两套理论，都气壮山河。随便拈出哪一个来，统统很好用。反正花无百日红，风水轮流转。

母亲批评她，要学着哄哄男人，你有孩子，有老人，哪个男人愿意好端端就背上这样的包袱？

BOBO 气恼，我从没有希望被人照顾好不好？我有钱有房，等结了婚，是我去外面打拼，他只要能照顾好家就行。这么一个不给人添乱的女人，哪里就轮到他们来挑剔我呢？

可毕竟，你还远远没有到富婆的程度。朋友给她泼冷水，说到底，你还是个打工赚辛苦钱的单身母亲啊。

这话，真让BOBO心冷，世态还真是炎凉呢，难道自己以后，就找不到满意的配偶了吗？

其实，和BOBO一样，算不上大富，上有老下有小的独身女人，并不算少，而且，也有很多女人，找到了真爱。

我倒是觉得，BOBO的见面不顺，和她目前或穷或富、或有没有工作，并无太大关系，怕只怕是被对方看出了她的意图，只想利用这段空闲时间，一口气解决掉个人难题。等到结婚成家后，再将对方束之高阁，他负责洗衣煮饭带孩子，她则在外面奋斗奋斗再奋斗。

哎，别说男人，就是女人，隐隐约约看到再婚是这样的下场，肯定也会避之不及的吧。

应该讲，结婚，是人生很大的一项工程，绝不是中场休息的余兴节目。意识到这中间有一定难度，有一个轻松随缘的心态，穷女人也能谈场富恋爱；相反，如果火急火燎、一心只想让对方为自己多多付出，富女人也谈不成穷爱情啊。

现代人已很少肯为恋爱，做讨好、殷勤、手腕、吃醋、勾引……这些啰嗦事了，但像BOBO这样，解决工作难题似的，专门划拉出一段时间，把个人问题解决掉，并能说得理直气壮的，却还不是太多。

她让经历过一次婚姻挫折的男人们，实在太不心安了。

BOBO此刻最需要的，是将自己的恋爱观，做一些调整。

既然是工作狂人，并没有多余的时间给家庭和亲人，不如就不要再婚了。否则对不起男人和父母，还要生个孩子来白白送死，岂不太不厚道？

如果想再婚，就要付出时间精力和金钱。如果不想付出，只是贪恋一个婚姻的名义，那就还是自己这么过着吧。

BOBO也许会说，那怎么行，等我赚足了钱，富裕了，也已经50岁了，难道那时再谈恋爱再考虑再婚吗？

有可能啊，那又怎么样？

50岁拥有一个幸福的婚姻，也比30岁结一次不幸的婚要好很多，是吧？

无欲则刚好不好

叫阿信的女孩子，失恋两三年，其他一切都好说，心理上自觉和前男友做着切割，也在朋友亲戚的开导下，慢慢接受现实。

说起来，好像已经要忘记他了，也要忘记那些不堪回首的日日夜夜了，可糟糕的是，身体的表现却很不好，问题严重。

和新交往的男友在一起，再也没有了性高潮。

就好像男人的阳痿吧，在女人这里，就得叫性冷淡。虽然也很想和新男友深入下去，也愿意积极开始新的生活，可是不知道怎么的，激发不起的性欲，让她对未来完全没有信心。

怀疑过去阴影未散，也怀疑自己并不爱现在的男友。

约会时，吃饭喝酒谈话，都很好，一到了关键时刻，身体就换了一个人，突然变成了彻头彻尾的木头，手脚都不利落起来，眼神呆滞，还出一身又一身的冷汗。明显是有了一些抗拒的，这让对方很搓火，也努力过，可最后效果平平。

开始以为，新交往的男友知道自己的过去，所以会害羞和放不开。但几次之后，心里很是着急，镜子里看自己，都渐渐不像了起来，是不是这意味着生活完蛋了，以后再也不会有幸福的爱情了？

而她，才刚30出头。

心里当然不服气，还去看过医生，开了点药吃，依然不行。于是，她竟想到了别的方法：一夜情。

只当是用它治疗性冷淡，因为看过这方面的资料，和陌生人的一夜情，似乎很容易激发起性欲来。

前后有4、5次吧，其中有一次，感觉还凑合，但和失恋之前的感觉，还是远远比不上。思想似乎总也集中不到这一件事情上来，脑子里会冒出“我是不是很贱”、“会不会把生活搞乱”、“我真是可怜又可悲”等等念头来。

中间甚至出现过痛哭、发呆和叹气。

最糟糕的是，自己表现不好，往往引来对方的不满。

她也不知道该怎么办，心烦意乱中，甚至对一夜情的对象，讲述起自己的不安和烦恼来。为了安抚她，他们又试了两次，结果还是不好。那个男人讽刺阿信说，没这本事，就不该玩这个。

是不是自取其辱？

失去了高潮，失去了性欲，无疑是失去了生活的乐趣。这事压在阿信的心头，沉甸甸的，怎么也放不下。

高潮对她，意味着什么呢？阿信也问过自己无数遍，可是总找不到答案。

是啊，高潮对女人来说，究竟意味着什么，为什么一旦失去，会觉得压力这么大？它到底是幸福的未来，还是排遣孤独的保证呢？

科学道理好像是这样讲的，有高潮的女人，其实并不多。很多人一辈子都不知道高潮为何物，但并不影响伊买菜做饭，生儿育女，8小时之外，会朋见友，浇花养鱼，也可以将日子过得兴兴头头。反之，很容易就来高潮的女人，也并不全都很幸福，顺风顺水，比方也会遇到情感纠葛，会失恋什么的。

可见，高潮并不是生活的必需品。能有当然很好，但没有，好像也不能算是什么令人崩溃的大事情。

主要是因为之前有过，而且几乎将它当作了感情和美、身心健康的标准——现在没有了，才会觉得惶恐万分，是不是内分泌出问题了，就此将变得不男不女？长痘痘跟这事有关吗？会不会从此就和幸福的爱情无缘了？

人都走了，还希望高潮永存，这么可爱，可能是会吃亏的吧？

其实，高潮和幸福，只是一句话的两种说法。空了一半的杯子，悲观主义者会认为是半空，乐观的则说，这是半满。

如果足够乐观，没有了高潮，也许正好可以这么说：NND，无欲则刚啊。

会不会，失去了高潮，其实只是心理上的一种假象，因为忍不住想向人撒娇，取得更多的同情？

很多人都会这样，一旦觉得受到了忽视，就会像孩子一样无助，会像孩子一样做出一些自伤的举措来。

比方，毁坏自己的感情、毁坏自己的身体、毁坏自己的生活、毁坏自己的未来，还有，毁坏自己的高潮。

只要能换来的怜惜，就行了。

可是这个世界上，除了真正爱我们的人，没有谁会怜惜我们，我们只能向那些不会辜负自己的人表达自己的软弱。

在陌生人当中为找不到高潮而生气、而苦恼，是完全会错情表错意了，哪怕刚上完床，陌生人还是陌生人，他们没有兴趣再看谁第二眼，何况听对方伤痛？

一个人成长的过程，就是渐渐扔掉内心孩子气的过程。在大多数的陌生人当中，我们是有理性，有力量能掌控自己的人，不怕打击，知道进退，也能收拾败局。

没有高潮？没有关系，认识男友之前那么多年，不也一样没有高潮？潮来潮去，才符合自然规律嘛。高潮没有了，还可以有很多别的事值得去追求。生活中的乐趣多得很，比方养生、厨艺、园艺、旅游、读书、音乐，就算高潮真的可以排减寂寞，但看电影似乎也行。

而且简单得多，不用求人。

性骚扰，零容忍

人和人的关系，不到一定的程度，或是荷尔蒙不到一定的浓度，没有谁会愿意被抚摸、被亲吻、被拥抱、被捏抓吧？

这么清晰的事，却还有人要狐疑、要疑惑、要追问，甚至竟产生幻觉，这是不是因为他在喜欢我？

真是花痴地令人无话可说。

在一家贸易公司上班的小艾，就遇见了这样的事情。

24 岁的小艾，相貌清秀，性格安静。找到这份工作，虽然收入不高，也没有什么金碧辉煌的前程，但她心里还是很满意。一来没有很宏大的理想，要做到金领银领；二来公司规模不大，人少，关系就比较单纯。

小艾喜欢简单生活，这样才有富裕时间，做做自己喜欢的事情，比方上网，下载电影，看穿越小说。

平时上下班，多是坐公交、或地铁。人多时，难免会遇到个把色狼，小艾和年龄相仿的女同事，交流过这个问题，大家都有惊人的共识，绝对不能容忍。

可以怒斥一声，尽快走开、或是拿包去打对方伸出的狼爪、要是有伴在旁边，还可以冲色狼喊起来，这些个猥琐男，心理极度不健康，蹭着姑娘获取快感，胆怯着哪！

小艾听得多了，行动起来，也就很是利索。有一次在地铁里，被一个男人死死夹在角落里，对方身体蹭着她上上下下，连喘息声都听到了，小艾躲不开，忍无可忍，只好伸出脚，用高跟鞋尖锐的跟，冲对方的脚面狠狠戳下去。

这么厉害的一个姑娘，遇到职场性骚扰时，却没了主张。

姓施的男同事，三十六、七，已婚，做着一个部门主管。平时话很多，喜欢占便宜，工作上，时不时会投机取巧，同事口碑，并不是很好。

小艾上班没有多久，他就盯上了她。有事没事，常到小艾的办公室里来串门，一进门，就冲小艾说，哟，今天穿了新衣服。或是，头发不错啊，在哪里做的？

施姓男子比小艾年龄大，工龄长，而且好歹算是一个中层领导，小艾拿他当长辈，毕恭毕敬地起立、回答。他伸出手，扶着小艾的肩膀，让她坐下。转过身，跟其他同事去聊天。

大家只当他是关心新同志，关心下属，加上此人一贯说话幽默，做人轻松，谁也没往性骚扰的事上想。

渐渐来得熟了，小艾在公司，也没那么紧张了。他再来办公室，就常常趁着小艾一人在的时候。

进了门，就站在小艾的办公桌后面，看看她正在看电脑里的什么内容。俯下身来，胸口贴着小艾的后背，几乎脸挨脸。

嗅到小艾的香水味，还会深吸一口气，馋涎欲滴地说：“小艾，你可真香啊。”

两人不在一个部门，下班前，他却打电话给小艾，叫她去他办公室一趟。小艾过去，他躺在椅子上，伸直长腿，冲她转来转去。裤裆不雅地撑着，半天不说事，只是看小艾的表情。

次数多了起来，小艾有过苦恼，但架不住对方一次次“示好”，心里竟然有了莫名的涟漪，他这是因为喜欢我吗？

职场里的性骚扰，真的和地铁公交上的不同。像小艾这样，公众场合，勇斗色狼的劲头，放到办公室，常常会气焰斗志无形减去一半，或是四分之三。

原因？其实也简单，一是保饭碗，不想闹翻。二是因为尊重、不解，心里会为对方主动开脱。将性骚扰，认做喜欢，就是典型心理。

像小艾的遭遇，你一定也曾经历过吧？

平常同事，却动辄就说下流话，专看你的反应如何；还有，既不是美专人士，也不是酒楼小姐，却要兴致勃勃地，拿来一张色情图片，向你问感想怎样。

程度轻的，大多会从些许的试探开始，摸摸头发、紧紧搂抱、拉手不放，或是热烈邀请，一起去开房吧。

程度重的，则是出门搂你的腰，坐下亲你的脸，站起来还要摸你的胸。出差在外，只住一间房，并且说，反正各睡各床，我不会对你怎样的。

敢毫不犹豫，如此直接就跟人亲昵的，往往是有权可用的上司。对方一旦拒绝，就会遭到威胁、恐吓、控制、压抑或是欺负。

他认准她是没有胆量反抗，才会一次次伸出手来。

是不是对方有权有势，掌握经济命脉，就要接受他的骚扰，吞吞吐吐，半推半就呢？

有些事，不拒绝，就是纵容。

含含糊糊只是一时权宜之策，接下来付出的，则必是长久之痛。

有刚毕业的女大学生，工作应聘，有人出面考察，却先要求睡了再说。伊怕好不容易到手的工作会丢掉，于是放弃原则。结果却是，他看这招好使，决定再接再励。因为他也会想，下一次，定会遇到更好玩的妹妹吧?

他谅你不会有张珏的胆子，敢将他公之于众。你还要嫁人，还要顾及男朋友和家人的面子是不是?

这是个男权的社会，不管女人们喊了多少年了，还是个男权社会。被性骚扰了，跳出来算账的女性，不仅男人们会骂，很多女人也会骂。男人骂是因为他觉得性骚扰是种小爱好，和上黄色网站，没有太大区别。不过是看一看摸一摸，双向选择的事儿，又不要跟你天长地久，大家轻轻松松，油也揩了，快乐也有了，何乐而不为呢?

女人骂则分两种，一是恨铁不成钢，认为只要被骚扰，就是顺从或助纣为虐。还有一种，令人怀疑是被骚扰过或正被骚扰，哑巴吃黄连，有苦说不出的。于是寄希望性骚扰，是一种暗疾或隐痛，谁也不要去触碰。

人性这东西，常常就是这么暗、这么黑、这么低级、这么难以启齿。身为女性，认清楚比起犯糊涂，要有用得多。

性骚扰就是性骚扰，它和欣赏、好感、爱慕、或是建立平等合作的友谊等，统统无关。它就是一个恃强凌弱占便宜的事儿，瞧，她没胆，她懦弱，她面对这等事，保准除了泪盈于睫，再无别的办法。不信? 咱给你露两手!

它应对的是人的欲望，想靠道德、纪律或说服，来杜绝约束改造，难免幼稚或可笑。一开始就不给对方以任何机会，是最好的方法。

他非要开一间房？可以，找个借口走出去，再开另一间房就是了。

他要抱你？可以，下次进他房间一定开着门。

坚持原则的好处是，即便他开除你，也比受了欺负，却还遭他鄙视要好。何苦非要陪他玩“猫捉老鼠”的游戏？

无论怎样，不是大家翻脸，就是忍到生癌，不如干脆利落，直视对方的眼睛，说不，我不喜欢来这套，麻烦您找别人玩，可好？

心惊肉跳的一夜情

这个故事，和“阴性艾滋病”没有关系，也和EB病毒没有多大关系。

可是却让她着实惊恐了好一阵。

和很多一夜情的故事一样，这，也发生在网络上。

他是她的网友，网上交流已经有很长一段时间了，他们聊的很多，他知道她不少事情，她呢，觉得他是个好人。

他告诉她，他有女朋友，但是呢，也特想尝试一下一夜情的感觉，他说这个事情他纠结了很久，只是想试一试，不试一下老是想着，也对不起女朋友，也许试过方知情重……

听这话的时候，她自己的日子也不好过，感情生活一团糟。想过和他发展一段正常的恋爱关系，但知道他有女朋友之后就很犹豫。

她并不赞同一夜情，觉得无法想象，自己会做那样的事情。

但最终还是没能忍住对彼此的好奇与好感，心里也觉得孤独，又怕被他看不起，笑话她太老土。

总之，见了面、吃了饭、开了房……那天晚上很不平静，他的手机响了好几次，他没接，说女朋友可能怀疑了。

两天后，他告诉她说，他的女朋友真的知道了，说要赶他出门。他只好如实交代，还说两个都是好女人，只是没碰上好男人，也很对不起她之类。

她心里面挺难过，心想从此以后不会再联系了。

可一边听这些话，一边却突然有了一种不详的预感。

自己的基本情况他都知道，知道她的真名，单位，甚至具体住的地址。

她生活在一个小城市，如果他女朋友不好惹，真闹起来，她就会臭名远扬，以后再找对象都很困难。

越想越怕，甚至想到会不会从头到尾，这男人勾引她，试探她，最后拉她一夜情，压根儿就是一个陷阱、骗局，他们合伙想敲自己一笔钱。

真是那样，可完了。

心惊胆战中，又过了一天，她接到一条陌生号码的短信，自称是他女朋友，说她已经知道了一切，想和她见个面，如果她不回复的话，就恕她无礼，会到单位去找她。

她开始心慌，拖延时间。

之后用公用电话给他打了个电话，问他现在是不是一个人，说话是否方便，他一下子压低了声音，干咳两声，开始支吾。

她马上就挂了电话……

现在，她几乎已经确定，他们真的就是另有图谋，想利用这个来要挟她，她到底该怎么办呢？

事情变得复杂，虽然他女朋友语气还显得客气，但她明显觉得没有丝毫的善意。

现在，一夜情似乎很多，并不分城市大小。小地方，可能比大地方来得只会更嚣张，至少见面开房比较方便，抬脚就行。

我们要不要先来想一想，一夜情成为一种社会现象时，有没有人问一句，人，为什么会一夜情呢？

需要一夜情的人会说，因为性欲、因为好奇、因为刺激、因为性缺乏、因为赶时髦、因为要攀比、因为解闷、因为要打发时间、因为个性使然、因为不可能和对方有什么，苟且一次也不错……总之，他可以找出成千上万条的理由。

但一个不需要一夜情的人，也能找出成千上万条理由，来说明一夜情的没必要：不习惯和陌生人同一个马桶、害羞、有洁癖、担心对方脱了袜子是六指，脱了短裤有异味、自慰也没什么不好……

这两种人，纵然各自有如山的理由，也无法说服对方。他们遇到一起，要发生一夜情，难度将会很大，因为本质不同，就像一块石头和一头山羊。即便产生了性欲，也没法真的干点什么。

是的，人就是因不同的类型而走到一起的，各自因不同的立场，决定了他们交往的圈子和方式。

这个女孩，一心只想发展一段正常的感情，也认定对方是个好人。但为什么，当他一开始就对她说了，他只是想要一夜情，她却还跟他厮缠，并且顺水推舟地依了他呢？

看起来一个是“石头”，一个是“山羊”，最后怎么竟然一起去酒店开房了？

明明不赞成一夜情，却伪装成一夜情爱好者，让人以为颇有艺术天分，性情开放，很洋气，不老土，不拘于又臭又硬的封建礼教——其实，这是对真正一夜情爱好者的误解，并没有科学依据表明，喜欢一夜情的人，就更性感更亲和更具有创造能力，比方眼前这个男人，就很猥琐嘛。

最糟糕的是，事情结束后，又吓得屁滚尿流。

一夜情，属于个人的性癖好，大众也越来越明白，人类对性的倾向和追求，有的是天生的，比方同性恋，有的是后天教育出了问题，等习惯放纵后性瘾上身，则需要心理医生来干涉，比方老虎伍滋。

一夜情、3P、虐恋等等迥异常人的性活动，不再像以前，受到恶意的歧视，当事人最多成为话题人物，被人嚼嚼舌头而已。

她的恐惧，可能并不全是怕被讹诈，而是源于最终发现自己并不反对一夜情，而且，还能从这样的事情中，寻到快感。

它与之前想像的自己，完全不同。

一方面蔑视着如此行为，一方面却迫不及待地尝试了。

一个人，承认自己也有荒唐、放纵的内心，并不悲惨，人生最悲惨的事情莫过于，做了之后，却不想承担后果。

无论一夜情对或不对，无论对方是逃避还是想进一步要挟，此时此刻，能解除恐惧的方法只有一条：接受现实，对自己负责。

向对方女友承认错误，不要再理睬那个男人，对方如果威胁，告诉他立刻报警。当道德问题，上升到法律问题时，孰轻孰重，应该有个判断。

真的，这个世上，只有肯对自己负责的人，才不会恐惧。

结尾是，这个一夜情的故事，并不是骗局和圈套。女朋友气势汹汹地杀将过来，她立刻缴械投降，保证绝不会再跟他联系。

而且，当两个女孩坐在一起，谈起这事时，突然都觉得，那个男人好龌龊，她们并不傻，也不丑，为什么要为这样一个男人，争风吃醋？

是不是太无趣了？

回床率是什么率

大家都知道有回头率一说。回头率高，说明此人相貌出众，气场强大，举手投足，有值得人回味的地方。于是，走过了，却还忍不住，要回头看一看。

街上走着个美女，身边有女友的男生，忍不住也仰了脖子朝后望。女朋友生了气，认为这是不专情的具体表现。

可见，回头率，常常也是几家欢喜，几家愁。

就在前不久，一个别出心裁的新西兰女孩子，穿得无比妖娆，然后在臀部安装了一个摄像头，走街窜巷，测试回头率。

果真，那一路上，男人们频频回头，看了又看，完全是情不自禁。

如果，回头率可以代表性感美丽的话，回床率，是不是更能说明问题呢？

跟他离婚后，他已有了别的女友，她呢，也交往了其他男人。

但床上的感觉，却一直不好。在婚姻里那么多年，他一直是肯在这上面用心的男人，虽然感情不合，可性生活却和谐得要命。

和新男友，却完全找不到感觉，这让她既失望，又悲观。甚至怀疑到自己是否还能有新的未来。

他呢，他可能并没有她这样失落吧。男人和女人生理结构不同，何况新女友比她更年轻更火辣，他没有理由会不满足。

孤独落寞之余，她忍不住还是会想到他。

一年后，曾经共同的朋友办酒席，请了他们俩。巧合的是，那天他们都没有带伴去，而且，竟被分到同一桌。

见到他过得那么滋润，她多少有些怨恨。不想显出小家子气，于是尽量寒暄，装得平静自然又无畏。有人开玩笑，她笑得无比爽朗，吸引到他的目光，现在，他反而有些讪讪然。

喝酒也不顾及，那么多复杂的感情在其中，她还怎么做到端庄矜持？

他见她故意买醉，敏感意识到和他有关。于是主动替她挡酒，又招呼她拿包穿衣戴首饰。站不稳当，他牢牢抓住她。熟悉的肌肤之亲，让她彻底失了控。

眼泪喷涌而出。

两人踉跄着先走一步。曾经认识的朋友，望着这一幕，都不知该说什么才好。一日夫妻百日恩？可他马上都要再婚了，这还恩什么恩呀？

送她回去，他要走，她不肯。把头贴在他的胸口，使劲嗅他身上的味道。

他不敢动，又觉得心疼。离婚时彼此的仇恨，此时此刻，显得特别意味深长。他想起她的好，想起两人大大的婚床。

曾经在一起那么多年，如果再跟她上床，并不算背叛新女友吧？她的身体，他比谁都熟悉。如果，就算背叛，那也比新找个女人，要轻许多。

他问她，和新的男友，在一起不好吗？

她摇头，只是哭。说就是找不到从前的快感。胳膊不是胳膊，腿不是腿的。他听了这话，心里想，难道她还爱着他？

如果她还惦记着他，那他可不能再多停留。幸好，她擦了擦眼泪，叹口气说："想着你的身体，和想着你这个人并没有关系。我恨你，而且，早就不爱你了。"

话说这么明白了，他还有什么迟疑的呢？

彼此都知道，只是为了解决床上问题。而且，他的牺牲似乎更大一些，毕竟，照顾她的感受更多，是不是？

各自，依然还有各自的生活。

可是，回床率是上去了，她的情绪，却又回到了离婚前的那种状态，歇斯底里，容易失控，似乎比之前更痛苦了。

到底是哪里出了问题呢？

美国的好莱坞，那个长相怪怪的的伍迪·艾伦，当他和养女的关系曝光后，他说了这么一句话："我爱她的时候，她是女人，不是我的养女。"

现在，她的处境，或许和当年的伍迪·艾伦相似，她也可以这么说："我和他上床的时候，他是男人，不是我的前夫。"

的确，性欲，很容易使人回复到最原始、最简单的本质。

用纯粹的两性吸引，来为自己的行为做辩解，可能最直接最简单，但也够无奈，因为没有谁真的能满足于此。

毕竟都是感情动物，单纯的肉身快感，搞不好带来的负面情绪更多。真的有性无爱就可以了吗，真的能做到苟且偷欢一身轻？

虽说肉体的欢娱，自己享受最重要，又不是演给别人看的，自己乐意就行了，但现在看起来，她却并不怎么乐意。

性生活越和谐，会不会就越是说明了点别的什么？一次两次，心里还能偷着乐，待到回床率越来越高，即便她没想过要和他有别的什么，别的什么也会找上门来呀。

激情过后，曾经的伤痕，会不会口子更大了一些？

床上百般缱绻，下床立刻成为路人，会不会感觉人生如戏？

曾经有过一起生活的记忆，旧伤未愈，纠缠又起，恨未尽，爱未到，会不会让人怀疑自己不够正常？

如此复杂，渐渐地，性的快乐，自然地就开始打折扣了。离婚前那些心头苦，眉前愁，似乎也全都白受了煎熬。熟悉的空虚和痛悔，又成了她生活的主要旋律。

性，有它独立的一面，能在一个瞬间，送人上天堂。但它也有翻脸不认人的另一面，再一个瞬间，就能送人入地狱。

它非得和情爱、好感或是感觉等感情因素联系在一起，才能像花朵一样，散发出一点点香气来。一个男人，或是女人，爱好性没有什么错，但堂而皇之地非要把性摆在感情前面的位置，就会成一种伤害了。

虽然现在关于性的观念，花样百出，但它依然是衡量爱情的一个精确标准。它是两个相爱的人最本质、最真实、最快乐的表达。

有性有爱，才是让人维持生理和心理的平衡的充分条件，就像小鸟的一对翅膀，少了任何一边，都无法飞跃，只能在泥沼里挣扎。

他频繁的回床率，说明也得到了一些安全感和满足感，小隐隐于床，大隐隐于性，那些真实的、深藏的、他们自己也未曾触摸过的东西，也许，经过交流，反而能带着他们，回到安宁的起点吧。

当然，努力过后，一切依然原地踏步，那就需要考虑一下，离婚不离床，是否只会成为更大的伤害，不仅对她，对他也是一样。

喜欢示弱的男人

某女半年前离了婚，离婚原因很多，有他的，也有她的。反正婚姻破碎了，实在是没有办法在一起生活，于是两人就说，离吧。

离婚是人生之痛，虽然在一起也很不幸福，但毕竟这是个很大的伤口，也是很让人有挫败感的事情。

他们是大学同学，后来又在同一个系统工作，认识的人几乎彼此都很熟悉，这么多年下来，几乎可以说他的朋友，也全都是她的朋友。

男人的性格比较阴柔、感性，有点文艺腔，书生气。以前，她觉得这样的男人会很温柔细心，哪里知道竟是小心眼，容易斤斤计较，莫名其妙爱生气。

结婚后只要俩人吵架，最后先认输的总是她，而且每次都是她哄他。

嗳，可能是因为这样的男人，容易激发起女人的母性吧。

离婚后，就很少见面了。她希望自己能彻底忘记他，快点开始新的生活。可是鬼使神差地，却时不时地，会打开他的博客看一看。

最开始，他对离婚这事，只是写了一篇公告。因为看他博客的朋友同学同事也都很多，所以，当时她还感谢他主动做了说明，省了自己到处再去告诉人。

但慢慢地，隔三岔五的，他就开始写一些所谓的心情文字，诉说自己不容易啦，孤独啦，寂寞啦，不被人理解啦什么的。

那副受尽委屈的腔调，当然让她觉得很不舒服，因为熟人很容易能联想到什么。

但她已不是他的老婆，甚至连普通朋友都不是，她不能说他什么，只好告诉自己眼不见心不烦，不要去看了。

直到最近，有一个女朋友，闲聊天时，突然问起她以前怎样，说的是婚姻里的事情。她很吃惊，问从哪里知道的。女朋友也有些尴尬，后来才说，前夫的博客里有写。

她火冒三丈，婚都离了，为什么还要在博客里说从前的事情？赶紧去看，才发现他已经啰嗦了好长时间。

大概内容就是谴责她、诉说自己的不容易，说她贪慕虚荣，不安家室，不懂得跟他心灵交流，不明白做为一个男人，有多么难。

总之，他是离婚的受害者。怪只怪他自己对女人的了解实在太少，抱的幻想太美好。其实女人狠毒冷酷起来，是很可怕的，等等等等。

这些文字，看得她心冷到了极点，无法相信，他会用这样的方式，贬损前妻。

二话不说，她立刻就给他打去了电话，问他这么做是什么意思，这不等于在熟人面前，毁她的声誉吗？

他说，他只是在写自己的事情，博客不就是写自己事情的地方吗？

“你也可以写啊！”他无赖地对她说。

她气得手脚发抖，他拿自己当了什么人，她怎么会和他一样，把自己的倒霉事，嚷得人人知道呢？

男人撩起伤口，到处示弱，到底是一种什么心态啊？

确实，不仅当事人不明白，我想很多人可能都会奇怪。

男人嘛，离了婚，即便真的是被老婆抛弃了，也很少会爽快承认的，更别说到处跟人说自己有多委屈了。

哪个男人，不愿意装成狼，独自躲起来舔伤口呢？离了就离了，一言不发，一来显示风度，二来好歹赢点尊敬。

如果数落对方缺点一大堆，同情落不下，简直很可能，还会遭到无情地鄙视。

可这个世上，有生怕别人不知道自己大丈夫的男人，就有四处示弱讨要同情的男人。

喜欢以弱者身份出现的男人，实在是不太像男人了。生活出了状况，弱小的心灵立刻承担不住，要找地方宣泄，要讲出自己的郁闷，要翻出陈年老账，需要更多的关注，是不是最好再来一个大胸脯的女人，让他钻到怀里去哭呢？

不太像男人的男人，和不太像女人的女人比起来，口碑往往不那么好。后者大多爽朗可爱，前者却常给人以阴险可鄙的印象。

离婚是双方的事，一个巴掌拍不响，肯定都有问题。而且全然私事一桩，何苦要博取舆论的同情？

而且，舆论同情又能怎样呢？

社会这么忙，大家时间这么紧，事不关己，己不劳心，就算是八卦专家，也不过只是喜欢知名人士而已，谁会关心你哭诉前妻不厚道？

一个普通人，花整夜整夜的时间，诅咒前妻，数落她的不是，暴露她的丑陋，还要展示自己血淋淋的伤口，真是可怕。

是希望认识的人，出来打抱不平，帮他一起指责前妻，安抚他的疼痛呢，还是指望大家理解他离婚的苦衷，帮他寻找新的贤妻？

即便他说的，都是心头之患，也没有说错，可依然会变成笑话和口舌。

因为男人受了委屈，四处声张，总是一件丢人的事情。大丈夫何患无妻，老婆走掉，另觅一个就好，哪里需要如此絮絮叨叨，把过去了的鸡毛蒜皮事，也搬给人听。

东方社会，离婚女人的地位，永远比不上离婚男人。哪个女人不是走投无路，愿意走这一招棋？不用脑子也能想得到，逼不得已，才会壮士断腕。

该抱怨，该示弱的，也应该是女人吧。

做了受害者，是不是就意味着离婚变得光荣了一些？可啰嗦过后，谁也并没有见他损失多少，还好好地活着，没完没了扮感性，博取眼球，难免会让当初听其唠叨的人感到受骗。

所以，抱怨这事，如果做不好，最好不要去做。

人人都有喜欢看他人出洋相的那一面，给自己打上弃男的烙印，以后还怎么再风光？

一段姻缘，完了就完了，虽无善终，但尽人事。分了手，彼此已是陌路，不再相干，看在曾经自己也付出过的份上，不踩踏对方，亦是对自己的尊重。

苦恼谁都会有，多检讨自己，才能尽快走出阴霾。男人就应该逆来顺受，这是千百年来社会的要求，如果连自己感情方面的责任，都承担不起，要装可怜，要受人同情，还要加罪给老婆，真是，还叫什么男人呢。

要漂亮，更要能干

年轻漂亮的女生，学历不高，资历不足，在人才济济的大公司，却突被提拔升迁，按很多人的想法，这其中定有猫腻。

不仅同事风言风语，相恋多年的男友，也不会相信天上有如此掉馅饼的好事儿。

到底是怎么回事？真的是你能力超强？

男友和她一同出道，平时加班比她多，出差比她多，连陪领导吃饭的机会，都比她多，凭什么，先升职的竟是她？

升职，就意味着工资会翻番，还没结婚，收入就落后了一大截，这以后还怎么混啊？

是的，她确实相貌出众，个头又很高佻，站在人群中，不被注意到都不可能。

从校园到公司，身上还保留着女学生的甜美气质，见人就笑，谦虚有礼，工作上也很勤快，上司派下的任务，一点也没有含糊。

但是不是，因为这，就可以升职。

同一部门，比她资历老，业绩多，工作能力更强的人，多得是，哪里轮到她了呢。

难怪会被人议论纷纷。

她能感受到同事的目光，也知道那目光背后有着怎样刻薄的话语。一方面不想错过这个机会，一方面，却又惴惴。

再看老板的眼光，也变得奇怪起来。

难道，他真的是对我有什么想法?

想起一个月前，有机会跟着部门的两个同事，陪大老板接待客户，她是小兵，平时连递送文件夹的机会都没有，那天，却因为她是直接经办人，有机会发言。

虽然有点磕巴，虽然脸都红了，可她硬是脑子没乱，数据，经过，讲得一清二楚。

老板就是那时，看了她一眼。那一眼，即便她年纪轻、出道迟，凭着女性的本能，她也感受到了特殊的气息。

会议结束后，老板招呼吃饭。平时这样的场合，是万万轮不到她的。可是那天，部门领导特意说："留下吧。"

吃饭、唱歌、跳舞，在一群中年男人的堆里，她紧张拘谨，感受到暧昧和混杂。

但那以后很长时间，她再也没有见过大老板。

直到最近，突然被通知，得到了升职。而且，据说，是大老板钦点的。

别说男朋友会猜测，同事会窃窃私语，她自己心里也不坦荡。

加上老板本身口碑就不好，现在，有了这事，他特意从10层楼下来，绕着她的办公室走一圈，站在她的桌边，问她有没有困难。

那眼神，那口气，是做出一幅给了伊天大好处的样子。还有，眼神和扶在她肩头的手，似乎都在暗示她应该有所回报。

怎么办?

同事怀疑，只要不讲在桌面上，她就可以做到假装不知道。但男友，却没有这么好说话。他怎么也不相信她所说的，和老板只在一起开过一次会，会后吃过一次饭。

他没有你的手机号？

没有啊。拿给他看手机，身份证都一起给他，让他尽情去查。

他有没有单独约过你，叫你去他的办公室？

没有啊。公司里到处都装探头，你以为是夜总会呢？

他多大了？有家吗？有孩子吗？收入几何？平时爱好是什么……

追问得多了，她火气也冒了上来。

是不是，你就是不肯相信，这升职和我的能力有关？认定了我是出卖色相是不是？

男友暂时闭了嘴，但心里并没有放下这事。

他们暂时不再讨论这事，可是两人之间的气氛却开始变了。

以前，他总是喜欢跟她讲自己的工作，可是现在，不仅她不说工作了，他更不说了。

这一块话题突然变成了空白，两人的关系，也不自然起来。

加上还要面对同事们居心叵测的目光，年轻的她，真是压力颇大。

辩解无力之时，竟突然会真的冒出用身体去报答老板的想法。反正大家都这么想，坚持清白，说不定还是人财两空。做了，至少能捞到一票。

不，这肯定是下下招。

凡事都有特例和普遍性。

包括男朋友在内，大家用有色眼光，会认为自己是在普遍性的基础上得出的结论，可她却不认同，认为自己是个特例，就是凭自己的本事，就是因为自己有过人之处，才得到了这个位置。

能这么想，是很好的一件事。

说明她对自己的能力，有足够的信心。接下来需要做的，就是坚持这份信念，努力工作，让大家看到实力。

最怕的是自己也对自己产生怀疑，和大家看法一样，认为受老板提拔，只是因为对方起了色心，为突遭提拔感到不安，甚至希望用身体去报答老板。唔，如果真去做了，不妨先在乳房上画一个骰子，保佑自己运气好一点。

想要坐稳一个位置，绝不能一开始就承认自己是上进卖身女青年，因为那样一来，很快就会有别的上进卖身女青年来代替。

业务精、能力强、同事关系好，才是天长地久的东西。

诚然，做任何工作，都不得不委曲求全，可以不为五斗米折腰的，有几人？

但如果要扭曲人格，不择手段的话，便是自己作孽。工作是你选择，其中总有能令人维护尊严的机会和办法。

重要的是自己信任和尊重自己。

不要夸张世态的不公，即便乱世当前，按常理出牌、勤劳肯干的人，成功几率依然比侥幸得手的人多得多；更不要把上司的缺陷，上升到史诗的高度，他寡人有疾，是他的缺陷，只要不在乎，就无关己事；也不要把同事和男友的怀疑渲染成莎士比亚似的悲剧，升职再开心，也无需喜极而泣。

不不，更没必要四处申辩，固然老总品行不端，大家也会对他有所怀疑，但辩解，只会遭到可怜或取笑。被愚弄被嘲笑的滋味，并不好受，不如转身奋发图强，好好工作，让人说不出任何话来，才是人间正道。

毕竟，谁也不是色情公司的员工，属下工作能力的强弱，对老板来说，比起跟伊上床，应该重要得多。

何况男人靠性别优势，得到工作岗位和职务的满坑满谷，不是比女人多得多？

哪里真的就能轮到他们来聒噪呢！

约会法则

34岁以前，春美交往的男友，可以用繁多两个字来形容。长则几月，短则几日。她的恋情，总是来也匆匆，去也匆匆。不是她不满意，一走了之，就是对方消失，不接电话。朋友们总是一方面诧异于她对异性的吸引力，一方面也疑惑于她多变的心绪。

但最终，她发现，这么多年，其实，她只是在和同一个换了不同名字的男人在约会着。

这个男人的特点无非以下四点：

一，脾气多变。一会儿甜言蜜语，捧她上天，转瞬就会暴跳如雷，怒气冲冲。

二，很少读书或思考。所有的人生智慧，几乎都来自饭桌上的东一句西一句。从没有自己明晰的生活观。

三，感情状态不稳定。不是游戏迷、工作狂、台球控、彩票狂、酒瘾者，就是身处异地、或外国人、在读学生、已婚男。

四，喜欢推卸责任。不管是她主动分手，还是他离开她，他都会将过错归罪于她。

而之前春美从没有意识到这一点。

什么？原来，她一次次恋爱失败，一直未婚，只是因为遇到的都是无法给她承诺、也无法持之以恒的男人？

不可能吧。

就说刚分手的小A，他比春美小两岁，是个做生意的小业主。和春美在餐厅里碰到，因为都是一个人，就坐到了一起。聊天时，春美知道他是卖装修材料的，就对他说，自己认识一个朋友，代理着某大品牌在本地的销售，她可以介绍他认识对方，以较低的价格，拿到材料。

小A自然很是欢喜。生意做成后，特意叫春美一起出来喝酒。酒后吐真言，两人都觉得相见恨晚，于是发生了一夜情。

有了第一次，就有第二次第三次。虽然和A没有说明是男女朋友，但春美去找A，已可以抬脚就去敲他的门。

一个月后，小A却给春美发来短信，说让她不要最近随便联系他。女朋友来了，他得陪她买结婚用品。

女朋友？结婚用品？

春美拨过去电话，刚喊出一句，对方就说："你之前又从没有问过我。"

再说小B。他和小A，可是完全不同的两个人。

即便相识，也没有那么随意。是父亲的战友，特意介绍的。小B学历高，工作好，收入也不错，年龄也和春美差不多。如果说找丈夫，有着不错的条件。拖到这么迟，只是因为身体不好，有哮喘的老毛病，一发作就会六亲不认，乱发脾气。

春美却不介意。因为她的母亲，也有这个病，她知道这不会影响到日常生活。

于是，两人开始了约会。春美活泼漂亮，小B很是喜欢。

第二次约会，就给她买了价值不菲的礼物。

两人吃饭，看电影，做恋人都会做的事情。因为双方年纪都不小了，所有人都猜测，这样下去，很快就会结婚了。

谁能想，刚两个月，就分手了。

并不是小B哮喘发作，而是春美无法接受小B对她的控制和猜疑。他总是对她要求诸多，要她对他好上加好，可又总是怀疑，她对他这么好，是不是图什么别的？

他是工作狂人，一旦开始新的项目，就完全忽略了春美的存在。春美刚开口抱怨，他就说："既然你对我有不满，不如分手好了。"

你说，这样的两个人，也是有共通性的吗？

"当然有。"春美的朋友帮她分析：一，他们都是过多考虑自己感受、少考虑他人立场的人；二，他们都认为分手是你的错；三，对跟你的未来，没有长远打算。

春美知道，朋友这样说，其实背后的潜台词是要告诉她，总是碰到同一类男人，而且被同一类男人弄得伤心，最大的原因，则是她自己的问题。

和春美经历相似的女人，真的不少。

约会了无数人，无数次，可是结局都出奇的相似。不仅恋爱没有谈成，而且内心，还留下了屈辱的感觉。既怀疑对方从没有付出过真情，也怀疑自己是否有什么缺点，不值得被人所爱。

是不是正因这受气包心理，让她才总是会吸引到蔑视自己的异性呢？

仔细分析了自己现状后，春美开始听从专业人士的话，给自己制订一个有益的约会方案。

首先要做到的，是了解。

对对方身份要了解，职业、收入、学历、专业、爱好、籍贯、是否有过婚史。这个了解，虽然比较浅，但第一次见面，往往就能知道得差不多。别小看了这表面化的几个问题，如果说五官是否端正，是我们重要的第一面印象。那么这几个问题的回答，就是他的另一份五官。如果和大多数人有着太大的不同，就需要谨慎小心。

第二需要注意的，是感觉。

是因为害怕孤独去恋爱呢，还是仅仅为了转换心情，才谈感情？如果不是因为真正喜欢那个人，就不要随便行动。

第三，失望。

如果这段感情中，缺少关心和承诺，就坚决离开。比方，性爱之后，第二天对方连电话都不打给你，或是从不将你介绍给他的朋友或家人，只是保持着一种随时开始，随时也可以解散的状态，请立即结束。

第四，重视。

重视每一阶段的感觉，无论好与不好，都多问自己几个为什么。改变之前无数次重复的过程，如果改变不了，尽快停下来。

春美的几条经验教训，其实不仅对她有用，对很多人，可能都是有用的。事实是，经过了一年的努力，春美整个人的状态，从身到心，就都发生了可喜的变化。

她更积极、更健康、更努力、更上进、更亲和，对自己也更有自信了。小小的约会法则，带她走进了一个良性的循环系统，不仅她发生了变化，她周围的环境，从工作到朋友，亲人，也都有了更好的变化。

现在的她，正在和一个年岁相仿的男士交往，而且，已经长达8个月了。

第四部分

真情需守护，领悟幸福爱

爱恒长绵韧，也脆弱、易累，越是真爱，越需要付出心血精力，珍惜与守护。

婚姻中，家庭里，夫妻、父母、孩子，都渴望着保护、安慰、归宿、安全、亲昵……

互爱、互敬、互通，这，才是婚姻幸福的软实力。

给婚姻填张保修单

一对夫妻，出现在电视屏幕上。

面对观众，讲出自己的故事。

她说，结婚将近10年了，如果将婚姻比做一艘航船的话，这船带着她走了很长的时间，也看到了各种各样的风景。可是，不知道什么时候，船变得旧了，破了，甚至漏了，朽了。现在的她，站在船头，总觉得没有安全感，担心不知道什么时候，就会带着她沉没。

他说，我对婚姻，也好有一比。它不是船，而是一只碗。刚结婚的时候，这碗啊，崭新光洁，亮得能照出人影。我们天天捧着它，吃在里面，喝在里面，所有的香甜，都收容在里面。可是，不知道什么时候，我们对这碗，不那么上心了，常常在外面吃，家里偶尔吃一顿，也是快餐，谁都嫌洗碗太麻烦，不如装在快餐盒里。久而久之，碗发黄了，变旧了，以至有那么一天，当我们突然想起它时，才发现，它已经不知不觉脆裂了。

于是，他们两个人，一个站在摇摇欲坠的船头，望着无际的大海，茫然无措；一个捧着裂了的饭碗，看着空空如也的内壁，肝胆俱碎。

想当初，两个人，也是刻骨铭心地相爱过，也有过青春年少的好时光，结婚生子，都是他们迫不及待的选择，曾经一切都是那么完美，那么新鲜，那么让人留恋不舍。可谁能想到，会有一天，他们心境疲惫苍凉，不知道未来该怎么继续下去。

有观众问，那你们想过，要补补船，或是修修碗吗?

他说，我们都很希望能够和好，可是感情不像东西，破裂了，就能补好。无论我做什么，都会引发她的遐想，她总是很难接受我的好意，那道裂缝，就怎么都很难补全。

她说，我并不想跟他分开，毕竟组织一个家庭不容易。可是，一想到这艘船曾经进过水，我就怎么也不觉得它将能经得起风雨，而且还能带着我，走过今后的几十年。

想起几年前，听过的一个故事。

夫妻离婚后，各自又生活了一两年，偏偏新遇到的感情，都不很顺。终于有一天，他们巧遇了，曾经在一起生活过的岁月，又历历在目。旧情悄悄萌发了，两人开始了重新约会。

家人和朋友，都替他们感到高兴。

几个月后，两人决定复婚。

可是，再婚的第一夜，就出现了不快。他接到前女友的电话，仍有纠缠不息的眼泪。她呢？收到曾经男友的短信，祝贺之中，透着暧昧。

两人各自心里，刹那之间，像被小刀扎了一下。他们这才明白，曾经分开的那段岁月，很有可能，会点点滴滴地，腐蚀现在的生活。

复合就如接骨，一点点风吹草动，都会使伤口感到疼痛。

她难过地说，早知道，不如就此别过，永远不要再联系。再婚一点也不牢实，还常常会引起过敏反应。

他说，人们都说，好马不吃回头草。婚姻也是一样。在别人看来，重新复合，是件皆大欢喜的事，但旧伤新疤，让人的一举一动，都要特别小心，这处处受牵制的感觉，真的很不好受。

“我们各管各的，吃饭，睡觉，上下班，业余时间，也不知道对方在做什么。他想什么，我不清楚，我想什么，他也不愿知道。”一个女孩说：“谁能想到，我们半年前才结的婚，当时以为会永永远远了，现在，却如陌生人一般。”

“为什么会这样？”

“彼此都有失望，觉得对方都不合自己的心意。但谁也不想改变，所以冷战，看来再这样下去，只有解散一条路了。”

才半年，真让人想不到。

“没有想过修好吗？”

“为什么要修？现在的人，谁还会修、会补？什么都是一次性的，衣服没破就扔了，手机样式一过，就不再用了。”

说得如此铿锵有力的，是闪婚又要闪离的80后。

因为住在海边，得以能常见到渔民。休渔的季节，渔船就停靠在码头处，渔民们手里提着各种修船的工具，在船上走来走去，这里敲敲，那里打打。

我问道：船旧了破了，就不好使了吧。

渔民笑笑，出海的船，哪艘不是经过修补的呢？修补过的船，其实更结实。最危险的，反而是新船，容易磕破，容易开裂。旧船经过一次次地打磨、上漆，补洞，大多都更好用。

看书时，里面有林区的故事，工人在讲到砍树的诀窍时说，一些长了树瘤的地方，是最难砍断的地方。但为什么树会长出树瘤呢？

工人说，那是因为那个地方曾经断裂过，后来因为重新又长在了一起，所以变得特别的结实。

现在很少有人会补碗了，可曾经锔过碗的工匠，还在人世。如果你肯去请教他，他会告诉你，锔过的碗，如果再次摔了，别处都可能碎成小片，但被锔钉箍过的瓷片，却一直会牢牢地拢在一起。

谁说修补是没有用的呢？

与其抱怨情感易逝，幸福短暂，不如在结婚证上签下名字时，为爱情也填写一份保修单，让它的保修期，长一点、更长一点，用耐心去修，用旧情去补，以血脉灌溉，以柔情哺育。

到那时，曾经有过裂痕的感情，就会如同补过的船、愈合的碗、新生的树，变得更坚强，也更柔韧，更璀璨，也更温润。

而这，就是人们常说的金婚、银婚吧？

做巧妇，享受家常生活的乐趣

萨克雷的《名利场》，写了两个年轻女孩，因功名心的大小，而遭遇不同境遇的故事。

这部小说，现在看来，依然鲜活。

故事主角夏泼，是一个机灵乖巧的漂亮姑娘。她出身低微，尝过贫穷的滋味，一心要掌握自己的命运，摆脱困境。在求名求利的道路上，她不择手段，谄媚奉承、走小道儿钻后门，飞上高枝。

作为陪衬的人物是她同窗女友、一个富商的女儿，塞特笠小姐。她懦弱温柔，驯顺地随命运摆弄。因父亲生意破产，丈夫战死，陷入坎坷，极度贫困。

两人此起彼落的遭遇，构成一个引人关怀又动人情感的故事。当然，最后是好女人得到了回报，坏女人流落他乡，过着没有亲情，也没有爱情的放浪生活。

夏泼急功近利，见钱眼开，卖弄风骚，刁钻势利。除了金钱，和能带给自己金钱的老爷们，她再不关心其他。因为这样，对儿子丈夫从不放在心上，更别提做什么家务了。

在家里，她用最好的卧具，穿最漂亮的衣服，吃自然要吃精细的。丈夫是给她跑腿的杂役，孩子是她跟女人们谈话用的道具。但她大整天大部分时间，都在忙着和男人们应酬，吃饭、打牌、骑马兜风，讨论时事、八卦、四处调情，赚点喝彩，骗点钱花，引得旁人关注。

是啊，她就是喜欢被人羡慕嫉妒恨。

这样的性格，自然无法做一个安分的主妇，难怪作者这样形容她，夏泼厌恶一切忠厚老实的女人，更厌恶所有家常生活的乐趣。

母亲抱着孩子亲吻、穿着旧裙子做饭、领着一双儿女去教堂、坐在窗边整理家庭账目、将床单铺得整整齐齐、编织毛衣……她统统看不入眼，打心眼里觉得鄙视。只有在戏院里、饭桌上，占着最好的座位，无数男人围在身后向她献殷勤，晚上凑着烛光跟爱慕者一起调笑，那才叫真正的生活哪。

像不像你我身边，现在依然可以见到的很多女人？

结了婚，有了孩子，却应酬多多，一周7天，倒有6个晚上，不在家里。周一单位聚餐、周二陪领导吃饭、周三接待客户、周四牌友聚会、周五唱歌、周六有人请去看电影。剩下一天留给家人，不是睡觉，就是发脾气。

还振振有辞："我也想当太太，大门不出，二门不迈，谁叫没人养着我？"

其实只是自己心不定，欲望太多，好不好？

夏泼这样，从不把家当家的“新式”女人，其实自古就有。好在，如《圣经》所言，“以能力束腰，使膀臂有力”的巧妇，也从来就有。

见过巧妇吗？

真的见了，你会看到大美。

两只手，再巧不过，任何在常人眼里，都没有用途的东西，她都可以重新利用起来。

旧衣服，剩布头，撕成条扎成拖把，用起来吸水拖得又干净；街头不用的竹竿，拣回来洗干净，结实的用来晾晒衣被，脆的用刀劈成细条，扎成洗锅的刷子；路边看见铁丝，铁钉，全都拾回家，哪里有点小破小漏，并不需要去五金店里买一堆没用的螺丝钉子回来，在她那里总能找到最合适的补缀之物。

喝剩的牛奶盒洗刷干净，剪下一部分包上包装纸，正好做插花的底座。

没用的那些，铺在菜板上，碰到要砍骨头之类的，正好可以减少菜板的磨损。

穿坏了的长筒袜里装上木屑，可用来做鞋子的除臭剂量。

去酒店，没用的浴帽也拿回家，可以把蔬菜包住，放到冰箱里。

……

她有这么多生活的妙法，简直无论什么时候，都能从她那里学到知识，并且每每想起，都觉得有趣。

家里的肥皂是竖起来放在盒子里的，问她为什么，她笑笑说：简单啊，这样跟水接触的面比较小，不会浪费。

喝过的高级红酒瓶，再拿回去。买普通红酒倒进去，也是哦，周围有几个人能喝得出好坏呢，红酒重要的不就是喝感觉吗？

女儿大了，八九成新的自行车，小推车，都在淘宝网上卖掉。钱正好用来买自己心仪很久的衣服。

一把空心菜，菜叶拿来清炒。

第二顿菜杆切碎用干辣椒炝炒。

红萝卜白萝卜，加几根菠菜，便是上好的下口小菜。

自己做饭，健康卫生营养合理。家里鸡鸭鱼肉，水果蔬菜，总是不断。最妙之处在于，买菜能有节余，总买一束鲜花回来。

巧妇在我的眼里，能干得宛如仙女，但做家事时，却只是从容安静，仿佛不值一提。

地板擦得晶亮，每样东西都归整得既顺手又整齐。她家孩子出门，从没有见过慌里慌张，气喘吁吁，总是白白净净，有条有理。男人面色红润，清清爽爽，从头到脚，找不出一点瑕疵。

床单桌布，都用老粗布的，便宜、漂亮，睡起来还舒服。唯一不方便的，只是铺前要熨斗熨，那也没有什么，一个电视剧看完，就熨妥了。

旅游在外，会买当地最粗陋的手工制品，或是绣片，回来买两串麻绳，或是用一幅镜框，就能做成家中的墙饰。

她不是旧式妇女，节约或精算，只为生存。

她是觉得，这样丝丝入扣地，料理身边的杂物，是件其乐悠悠的事情。

出嫁前，也是家中的宝贝女儿，并没有人教过她这么做。但她做得这么到位，真是令人感慨。

巧妇让人喜欢，因为在她的世界里，是有大意义的。

通过家事，她在杂乱、分裂的现实生活中，锻炼出了独具一格的统筹能力，这一套不断变化、衍生的秩序，当然也可以用在人际关系上，让她变成亲人、朋友、邻居们的主心骨，形成一个亲密和谐的团体。

巧妇平淡如水的日子，食之如饴，细韧而温柔，其中藏着蚕的不倦，叶的青绿。无论何时，温煦之气，都扑面而来。

谁说幸福是虚无飘渺无法量化的呢？

看到这样的女人，不就看到了实实在在的幸福？

善良不是蒙蔽心灵的借口

谁都希望，自己在爱人眼里，是善良的。善良，几乎是一个值得被爱的人的首要品质。如果他或她不善良，就无法有最初的好感；如果对方不善良，何谈接下来的爱？如果连善良都做不到，这段感情，就是建立在废墟之上，迟早，也会坍塌。

善良，是情感交流的地基，有了它，才会有理解、同情、谦和、忍让、大度，以及承担和责任。

这些品质，都是成全一段感情的重要材料。所以，如果我们将好的爱情，比喻做一道汤一盘菜的话，善良就是盐，它担任着收拢、提鲜、升华、加固、成形的所有功效。没有它，再多的食材，混合到一起，也毫无意义。没有它，食材再贵重，也寡淡无味。

所以，因为这个，善良，在很多人心里，就成了能确立自己独特地位、拉拢对方的致命法宝。

甚至，还可以拿来当万金油，处理情感问题时，不管对方还是自己有问题，把善良二字，到处抹一抹，就挡住了那些不利于自己的进攻。

这还真是对“善良”的利用和误解呢。

立虹总是这么说自己，“我是一个善良的女人。”

40多年了，从来也不知道该怎么跟人撕破脸，也不会像很多人一样，上蹿下跳地去争取自己的利益。

是不是因为这个，所以当家庭遇到变故时，她才会做出这种方式的“拯救”？

结婚多年，她对这个家付出很多，丈夫大部分时间，都在忙着他的生意。曾经有过伤与被伤、口角、争执和不愉快，但过了40，两人渐渐都开始珍惜这份情感，这个家庭。

就在她觉得总算可以享受生活的时候，丈夫却再一次地，有了外遇。

对方是个年轻姑娘，就是人们说的小三儿。他并不打算跟她结婚，但是出去见朋友，或是生意上的事，却总是带着她，而且毫不避嫌地跟她亲热。

立虹不想跟他就这么分了手，她知道，她主动离婚，等于便宜了那姑娘。

而且，夫妻这么多年，哪里真的就没有感情呢。在她想来，他对自己的感情，并不会比跟那个小女人的感情要少。

于是，明明知道他在做什么，却还是经常叫他回家交“公粮”。

可以这么说，立虹默许了他有个外室，但既然没有离婚，他也得尽丈夫的义务。

生病的时候，他一定是要在她跟前的。他得陪她去医院，陪着她吃喝拉撒，不能走开。

立虹过生日，他也得随叫随到，必须当着孩子的面，给她送礼物。而且，还得请朋友们一起为她庆祝。

如果逢年过节，家里要添置东西，他也得跟她一起去——也许以前，这些她可以自己做，但现在，不可能了。他还是丈夫，是父亲，这些家庭事务，他需要做。

还有，她还是会每天都给他发短信，告诉他家里的事，也关心他的身体。毕竟她还是他的妻子，不是吗？

对她的这些短信，他有时候回，有时候不回。不回的时候，她就很担心，也觉得他很可怜，身不由己，爱上一个那么年轻的姑娘，身体是否吃得消？她对他的照顾，又能有多细致呢？

他如果被她留在了家里，就得跟那个姑娘请假，这个时候，他甚至会当着立虹的面，跟那个女孩子撒谎。他撒谎的本领可真高，滴水不露，还让她去他的朋友那里查证。

一方面，他这样做，让立虹想到自己的被欺和被骗，另一方面，她心里也会涌上小小的得意。

她才不会跟那个女人撕破脸去吵去闹，去直截了当地要回自己的老公。只是因天性善良吧，她觉得做不到像泼妇那样。

只是，这么“善良”的她，要到什么时候，才能彻底挽回丈夫的心呢？

看了这个“善良”的故事，你有没有觉得，后脊梁冒出一股冷气来？

世上有多少丑陋的人事，是拜“善良”所赐？

因为善良，所以不舍；因为善良，所以痴情；因为善良，所以忍耐……可其实，立虹的这个故事，和善良又有什么关系呢？

说穿了，无非是自虐，犯贱，没有脑子够可怜。

这样一个男人，本身就够混账。

他哪里是怕你缠着他不放呢，人家分明就是喜欢吃着碗里看着锅里。这世上如此贪婪的男人，又不是没有，走到哪里，都如过街老鼠，人人喊打，为何偏偏到“善良”的立虹这里，就成了无可奈何，令人心疼?

是不是正因为有她这样的女人，才会有他那样的男人?

像鸟一样，喜欢飞在不同女人中的男人，从来也不会承认自己有什么不对，他只需要等到某一天，哪个女人实在看他不爽了，自然就会主动离开他。

这期间，他尽享齐人之福，就很好了，何况也不用背负什么喜新厌旧的恶名，两个女人，还都拿他当香饽饽，恨不得好吃好喝地全都供上——竞争机制就是好啊，他说不定还会发出如此的感叹吧?

在我看来，立虹的做法，与善良并无太大关系，而只和懦弱无知，紧密相联。

因为善良，只能是对那些懂得善心的人而言，当他有所回报，有所领悟的时候，心怀好意的付出，才能称得上善良。而当对方只是利用，甚或变本加利，图取更多的好处时，所谓善良，就成了无知、愚蠢、还有懦弱。

因为无知，所以看不穿这其中的龌龊。

他因为另一个女人，让她当众蒙羞。之后，她却还要他陪看医生，买东西，一起过生日，每天发短信，他呢，竟一一照做，还当着她的面，欺骗另一个女人，甚至还和她上床。她以为他是旧情难忘，其实是这个男人根本不懂爱是什么，他这么做，只是因为原始的贪欲。

一石二鸟，脚踏两船，对他来说，无非是增加了安全感，失去一个，还能有另一个。“旧情难忘”的外衣下面，是一颗扑通扑通跳得鲜活的小人心。

可是，立虹却为了这样一个自私自利的男人，放不下舍不得。还给自己脑门上粘两大字：善良。

说她愚蠢，是因为她不仅蠢到了家，而且还享受愚蠢的方便，利用一个丝毫没有爱的能力的男人，自甘懦弱。

应该向那个傻丫头说声谢谢，谢谢，谢谢噢，她愿意接手这样一个既无血性，又无良心的男人，让自己不至于被套牢，是运气。没有她，立虹会一直以为这样一个男人，就是全部的世界，有了那个傻丫头，至少能让她看清真相是什么。

女人都喜欢争，和男人喜欢争更大的地盘、更多的钱财、更高的地位。有所不同，女人的争，往往是一种不肯放手的痴缠。小小的格局，自以为就是全部，看不到更大更蓝的天空，看不到自己的内心，能有多么的辽远和广阔。

这并不是一场正室和小三的战争，枪声还没有打响，他们早已未战先输。

立虹，姑娘，男人，统统都是输家，没有人从中得到成长，甚至连自尊和尊重他人，都没有学会。

所有人争取纠缠的，与爱无关，只是一些可笑的虚荣和欲望。让心灵遭受蒙蔽、污染、越来越糊涂。

而她，却还一直懵懂不知。

爱情的榜样

第一次见到他时，她只有16岁，甜蜜、懵懂，还有些多愁善感。下了晚自习，回家的路上，突然听见有人喊她的名字，红了脸转过身，就见哥哥和一群朋友，正坐在街边摊喝啤酒，已经有了酒意，他招手叫她过去，要对他的朋友们夸夸这个妹妹。

她那个年龄，是羞涩胆怯地，拗不过哥哥，又躁又急。他的朋友们说，真是个不错的小丫头，以后有困难，我们都是你哥哥！

他比她大8岁，胖大，笨拙，躲在她哥哥的那帮朋友中间，毫无特色。他动作不够灵活，两次站起身，都差点碰翻桌子。他就像一个笑话，让大家都很开心。他不对她开玩笑，而是在她走的时候，跑到路边叫了一辆三轮车，送她上车时，他说："早点回去，安全一些。"

待以后哥哥再说起他的朋友时，她偶尔会问，那个胖子呢？

后来，她听说他出了国，又听说他有了一个外国女友。这都让大家有些吃惊，因为他那样不起眼，又不够狠，怎么会有洋妞看上他？

再然后，听说两人一起去南美丛林探险时，他的女友得了败血症，去世了。

听哥哥说，从那以后，他变了一个人。颓废、消沉、沉默寡言，他常挂在嘴边的词是命运，不再为什么事，什么人去努力了。也许，年轻的生命无法了悟生死，只能寄情于幻相或机遇吧。

在这个过程中，她长大了，爱上了一个有家室的男人。这是她的初恋，她爱得投入而忘我，20岁的她，温柔、敏感、富有同情心。她不愿意为难他，竟接受他一切苛刻的条件，从不主动联系他，也不对任何人提起他的名字。

她拒绝身边所有异性的殷勤，拒绝一切她这个年龄应该享受的娱乐，只为了等他一月或两个月，来看看她。

她甚至不知道，恋爱中的女孩子，是可以随时和男友撒娇，生气，可以对他们招之即来呼之即去的。

几年后，她伤痕累累地结束了这场游戏。

和同龄女孩相比，她坚硬、谨慎、懂事，而且，她从不追问别人的隐私，与人交往，彬彬有礼，适可而止。她的同事们都说："这可真是一个好女孩，可为什么，她就是不谈恋爱呢?"

是啊，她不谈恋爱，每一个走近她的男人，她都看不上。

大家渐渐觉得她为人有问题。

在爱情这件事上，谁都可以拿她当做反面教材。

转眼她已经快30岁了，有一天，他来到她所在的城市，看她的哥哥，见到了她。他们都不敢相信，彼此是曾经见过的那个人。

她不再天真无知，他也不再笨手笨脚。虽然，她还有着一双单眼皮，虽然，他还是个戴着眼镜的胖子。

他们竟会一见钟情，真是令所有的人吃惊。她美丽上进，他却有些糊里糊涂。他大了她那么多，而且他还为前女友放逐过自己。所有这些，似乎都不是这个讲求效率的社会，所能容忍的事。

她的家人、朋友都反对这门亲事。他也疑虑起来，觉得自己配不上她。他再次想要逃跑，他又开始对她说，一切都听从命运的安排吧。

她却表现得非常坚决，这是她结束那场荒唐恋爱后，重新开始的一段爱情。人们发现，她似乎又像头一次那样，付出了自己的全部身心。

虽然他善良、温和、谦虚，可他也同样软弱轻信、优柔寡断。这样的男人，有时候是会让人难以忍受的。她却说，在他的脸上，看到了深意。

只有一个人，经历过世态炎凉，思虑、爱情和苦难在他脸上，留下印记之后，他才值得让人倾心。她明白，他也在她的脸上，看到了这些。

他们竟真的恋爱了。而且，很快，就宣布，要结婚了！

亲人们想，这样的两个人，根本不适合在一起。他们都是性情中人，都遭受过爱情的重创。如果他们相爱了，一定会追求那种极至的、烧成灰烬的爱吧。

这将让大家多不放心啊。

谁也不想看到他们受伤害、或是彼此伤害的模样。

劝说、警告、威吓、哀求，两个人的表情始终如一，微笑。说，不会的，他们一定会彼此珍惜，白头到老。

真的就结婚了。因为他已落户在了美国，所以她也去了国外。远离亲友，他们到底过得怎样，很少有人知道。但大家都在为他们捏着一把汗，婚姻是要糊涂的，可这样的两个人，对爱情是多么明察秋毫啊。

转眼7年过去了，她的哥哥，去美国看他们。

没有想到，他们现在已经成了农场主。在寂静广袤的原野上，养育着3个儿女。

远远地，他就看到她向他跑来。她胖了很多，有了白发，肤色健康，她抓着哥哥的手，大喊大叫，就像一个真正的农妇。而他呢，手里抱着最小的孩子，身边一左一右跟着一对儿女，他穿着雨靴，宽松的裤子，还留起了胡子！

哥哥松了一大口气，他终于确信了，他们是彼此相爱，幸福美满的。因为只有幸福中的人，才会显得既愚钝又平庸。

结婚前，他们对亲人的保证，原来是再三思量过的。体味过爱情的跌宕起伏，了解全身心付出的剧痛，必然也就懂得高潮退去后宁静的可贵。

经过了生活种种艰辛、忧愁和痛苦之后，他们平静了，进入了中年自满自得的状态。幸福的婚姻，让她变成了贤妻良母，让他做了琐屑安详的一家之主。

爱情最后的归宿，无非是平淡而真实的生活。

在这一点上，他们成就了最美最好的爱情。

知道了好歹，就爱上家

一次，单独坐飞机，旁边是两个男人，40多岁的年纪，相互认识。

心想，不知道他们会谈些什么，这个年龄的男人，事业正在上升期，为人处世，多少有些咄咄逼人，不喜按常理出牌。常常会听到奇谈怪论。他们会谈政治，谈赚钱，还是会谈女人，谈朋友？

没有想到，两人打开了话匣子，竟然说的全是孩子。

一个人的女儿在北京读书，一个人的儿子在重庆读大学。

有儿子的男人说，儿子离开家后，他就总是特别想孩子，晚上常常睡不着觉，心里突然空落落的。去美国出差时，无论走到哪里，都在给儿子看礼物，搞得美国的朋友最后都知道了他的癖好。

他说着自嘲地笑笑，说："连老婆都嘲笑我，说真是此一时彼一时。儿子小的时候，连抱一抱都很少有时间，孩子一哭，就嫌烦。现在巴结地跟在后面，儿子却翅膀硬了，不愿也不肯跟我亲热了。"

那个有女儿的男人说：“谁说不是呢，孩子长得真是快。女儿大了，我才意识到自己为她付出的太少了。幸好老婆又生了小儿子，在带老二的时候，我才真的体会到了什么是全心全意。年初他生病，怀疑是甲流，发烧总也不退，吓得我晚上一夜一夜做噩梦。从那以后到现在，晚上只要听见他哭或是喊，我立刻就能醒过来。”

听见两个大男人这样婆婆妈妈地讲孩子，觉得又好奇又感动。怕他们难为情，我闭上眼睛，假装睡着。

想起来一个女人。

身段高佻，相貌精致，待人接物，很有分寸。

本地最大的一家餐饮连锁公司，正是她家开的。老公和她青梅竹马，结婚近20年还没有离婚，也算是暴发夫妻中的奇迹。

谁能想到，有一天，竟是她主动说出真相。原来老公曾包养过小三，但现在夫妻和睦。

那年轻女子，总是说自己是爱他的人，并不是贪他的钱。背着他，却在公司里多次做鬼。还又跟年轻小伙子，偷偷约会。被发现后，反而哭闹着说要赔偿费。

到这个时候，他才看清真相。以前总认为老婆不跟他离婚，是因为舍不得财产，只有那个什么都不图的年轻姑娘，才是一片真心。

却终于发现，原来年轻姑娘所说的，全是假话。他并不是真的值得被人那么爱，能被人盯上，并不是他英俊潇洒老骥伏枥，偏偏全是因为钱。

反过头，再看老婆，替他守着钱财，不挥霍不浪费，只要有得赚，一分钱也会去努力。原来，真正对他好的人，是她。

她笑着说，就这么的，回家了。回来后，心思全放在了家里。现在叫都叫不出去。座右铭成了爱家爱子爱老婆。

她说，其实啊，老公归家爱家恋家的原因很简单，只因他终于能分清真假了。

他是一个画家，多年来已养成固定的生活习惯。白天工作，到了黄昏时分，出门跑步。那条他运动的路上，有不少人都认识了他。

近半年，却突然不见他在那个时候出来了。原来，他躲在家里看电视。

为什么偏偏要在那个时候看电视？

说来也简单，儿子半年前去了美国芝加哥读书。他偶然发现，某个地方台，会在每天的黄昏时分，播送一些城市的天气预报，其中正巧就有芝加哥。

于是，每天到点，他不再去跑步，而是专心坐在家里看电视，一定要知道芝加哥第二天的天气状况，才能安下心来。

儿子知道后，很是奇怪。因为记忆中，父亲从不操心这些小事的。突然这么柔情似水，该不会是老年痴呆了吧。

画家叹口气，不知道该说什么。想到自己年轻的时候，确实很少这么牵挂家人。但儿子一走，却突然唤醒了他的亲情，他意识到，自己长年累月，追求的所谓艺术，并不能真正填满他的内心，儿子离开后，他感受到了家庭才能补充的那一块空落。

他对妻子说，这么多年了，自己总以为绘画重于泰山，儿子成年了，离开家了，他手里捏着的画笔，怎么就感觉是这样的轻如鸿毛呢？

再回头，看看飞机上遇到的那两个不停地聊着孩子的男人。

他们是否也经历过远离、漂游，顾不上家的时候？是否也有过不分轻重缓急，不辩真假是非，不识盛衰胜败的岁月？

那时的他们，整日沉浸在生意经中，将赚钱看做人生第一要义。将大把的时间，都消耗在不相干的人身上，孩子病了，他会轻轻说一声“去看病”，紧接着就去了机场。

妻子神经衰弱好多年，他总以为是安眠药的效果不好，偶然会托人带点进口补品来，就觉得自己功德无量，为家人付出很多。

老家的父母，一年到头，也见不到他一面，偶然打电话，只是匆匆问句没有事吧？母亲刚跟他提起隔壁奶奶去世了，父亲刚唠叨起自己的关节越来越痛，他就不耐烦地说：“需要钱的话，我明天就打过去。”

他永远像一截潮湿的木桩，只能丝丝地冒烟，仿佛是惧怕着爱的灼烧，永远对家人，摆出远离的姿势。

然后，一年年过去了，他经历了一些甘苦，看到了一些爱恨，学会了一些进退之后，对生活有了新的感悟。

他知道除了亲人之外，其他的一切，多是过眼云烟，它带不来生命的厚重感，也抓不住情感的衣襟。它不能满足也不甘于满足，在命运悄然的演奏声中，沉在最底处，像尽头一样，牵绊住你的，唯有家和家人。

它让你无论做什么，都不会觉得失落或迷惑，不会有徒劳之感，也不会失去自身的支点。

它几乎是一种必然，当然，更是一种彻悟。仿佛听到了一种美妙的声音，却又说不出这声音来自何处。它让他的心那么的妥帖、厚重、轻盈而又真切。

终于，他懂得了生活，理解了生命，用句通俗的话说，就是知道了好歹，然后，死心塌地的爱上了家。

不信任，只会让爱死得更快

在夫妻关系中，什么是最重要的？

你会说，当然是爱情喽。

没有错，那么爱情是通过什么表现出来的呢？

两个相亲相爱的人，在关系的表现方式中，什么是第一位的？

体贴？关心？互助？认同？亲昵？有共同的朋友？

不，我觉得，最重要的，一定是信任。

叫“心生呼啸”的女网友，这么描述她和丈夫的故事。也许，类似需要重建信任的故事，在很多家庭里，都是有的吧？

她和他是大学毕业不久，在朋友那里认识的。当时家里给她介绍了一个男朋友，是父母同事的儿子。那个男孩子，各方面条件都极好，加上两家父母的经济条件，社会地位等各方面都比较相当，所有人都很看好他们的交往。

而他家，则在外地，父母也只是一般的职员。两人从认识，到确定恋爱关系，就两个星期的时间吧，这结果，让所有人都很吃惊。她的父母，还觉得很受伤。

家里坚决不同意，给了她无数打击，但她一直坚持，他是个很普通的男孩子，偏偏她觉得，跟他在一起才会很放松，心里也觉得幸福。

和家庭僵持了五年，终于，她岁数也渐渐大了，父母也开始慢慢想通，这才答应了他们的婚事。

按理说，如此不易得到的爱情，彼此都应该珍惜才是，可是谁能想到，他们却都做了错事。

开始是他，和一个师妹不三不四的，被她发现后，气急，找过那个师妹，师妹口出狂言，没有一点惭愧的意思，而丈夫的态度又不明不白，让她无法忍受，气头上，也找了个男人来报复他。

既然是报复，当然想让他知道。

这中间3年，他们经历了常人无法想像的痛苦疯狂和挣扎。彼此都还爱着对方，可却像仇人一样地相互对待，生怕伤害对方不够。

后来，有一天，一个偶然的机会，他们重新坐在一起，而且，彼此答应，要坐下来好好谈话。

都很伤感，也发现内心都还爱着对方。于是两人互相检讨，并且发誓，放下过去，重新开始。

最初一切都还好，可慢慢地，他们发现，其实已经无法回到过去了。

“心生呼啸”无法再做到对丈夫的信任。下班迟，背着她抽烟，手机不详号码……都会让她如坐针毡，突然就感觉天塌了。

他呢？也是一样。

她买件新衣服、单位出差、跟女友出去吃饭，他也会话里话外，含沙射影。

看彼此的眼神，也都变了。躲闪、气愤、追究、伤感。

虽然才30出头，但他们都觉得，心态老了，而且总是感觉很累。

这让“心生呼啸”，总是忍不住会叹息、哭泣、愤怒，开始整夜整夜睡不着觉、脱发、过敏。打心眼里，她觉得他其实并不爱自己，回到家里，他也并不觉得有多么幸福，常常好端端坐着，就发出长叹。

她的心里，一直有个小虫子在说，他还是会出轨的，总有一天，会有一个新的女人，出现在我们中间。

其实，他们的故事，并不算特别。对大部分人来说，情感的疆域里，乱都是永远此起彼伏，镇压不了。

顺利恋爱的，结婚时经济也许遇见麻烦；结婚买了新房的，还贷又压力重重；看上对方的家庭条件，却免不了要受窝囊气；冲着他的好性格去的，却发现是个懒蛋……

就象“心生呼啸”，爱情甜蜜时，父母反对；等解决了父母反对这个矛盾，结了婚，又出现了第三者；好不容易，第三者的问题解决了，新的矛盾又来了：信任危机。

我上中学时，学辩证法，很多词句，都云里雾里，但有个道理，老师一举例说明，立刻就懂了。

老师说，当主要矛盾解决后，次要矛盾，就会上升为主要矛盾。

老师拿来举例的，正是我们这些学生。纪律不好的时候，纪律是主要矛盾，纪律好了，成绩又成了头疼事，好不容易，成绩上去了，又开始早恋了。

总之，老师通过这个例子，其实是告诉我们这样一个人生道理：矛盾永远都会存在于生活当中，当你解决了一个矛盾，另一个矛盾，就会再次出现。

如果，我们将婚姻，比做一幢建筑的话，那么信任，在情感中的作用，就是婚姻大厦的钢筋水泥。

如果用一幢建筑的倒塌，来比喻岌岌可危的婚姻的话，会发现分别起着诱引、动摇和摧毁作用的，就是冷淡、出轨和失去信任。

是的，最后引起婚房崩塌的，往往并不是单纯的外遇，而是再也无法恢复的信任。

这种阴冷的情绪，就如婚房的地基，遇到了潜伏的暗涌。

它使一次短暂的出差，都不再令人放心，偶然结识的陌生人，也可能对婚姻造成实质性的破坏。尤其当一方明察秋毫、锱铢必较——吃饭时的一声吧唧、手机的一个震动、眼神的一次交错，亦会造成电线短路。

一直以来，人们总是认为，出轨，是对感情和肉体的双重伤害，这样的爱情，即便没有毁灭，也会留下长久的裂痕。但如果两个人，心里都希望还能继续在一起的话，那么首先，要勇敢承认并接受这份情感的不完美，另外，彼此提供信任和被信任，则是婚房最重要的黏合剂，它会将松散的沙土，不大合格的水泥和钢筋组合在一起，只要对方的缺陷，并不比狂风暴雨或八级地震来势凶猛，它就能屹立不倒。

简单地说，关于信任的原理，是这样的：如果两人决定继续相爱，那么经历的所有事情，都是在为天长地久储备着能量，甚至伤害过彼此的那些事情那些人，他们的作用，只是为了让这对男女，变得更强更大更懂得爱是什么。

但如果，对爱情、对婚姻生活，夫妻俩都失去了信念，那么，呆在一起，彼此猜疑，只会是更大的伤害，爱会在不信任之下，贬值、溃破、最终成为难以愈合的伤口，死得更快。

婚姻，往往会以某种强制的方式，磨砺人的性情。危机之后的信任重建，虽然不如戒毒那么难，但也不像戒烟那么简单。

最相宜的爱人，就是他或她的优点，正好在她或他关注的焦点上。而缺点，正好在他或她目力所不及的盲区内。如果这个顺序，被颠倒了过来，信任的天平，自然就会歪斜，留下的，只是些孰轻孰重的后悔和怀疑。

如果觉得信任对方，是一件力所不能及的事，那也没有什么，除了说明人都有软弱的一面之外，可能也说明彼此的感情，并没有自己想象的那么深，与其叹息、哭泣、愤怒、神经衰弱，不如分手。

最怕用你死我活的矛，戳鼻涕眼泪的盾。

难不成还嫌这世上精神病人太少吗？

什么时候说我爱你

法庭上，父亲正在痛哭流涕，可是被他亲手打死的孩子却什么都不知道了。

面对法官的追问，这个做父亲的男人，说的最多的话就是：“我打他，只是因为太爱他了。”

爱他，就要打他？

难道这就是做父母的，表达爱的方式？

类似的话还有：“打是亲骂是爱”，“不打不成材”，“棍棒出孝子，惯养忤逆儿”。仿佛父母不动手，就是对孩子没有诚意。

虽然现在的父母，大多都认同体罚孩子是不对的，但还是能看到孩子有被父母暴打，甚至失去生命的新闻。

而几乎每一个父母，说出的话，都如出一辙：“我是因为太爱他（她）了呀，我不想看到他（她）不好好读书，小偷小摸，以后只能去坐牢。”

一个女人，写来这样一则故事。

女儿一直乖巧听话，是她最大的希望和寄托。偏偏高中关键时期，竟然恋爱了。虽然发誓说不会影响学习成绩，但几乎所有的业余时间，都是跟那个男孩子在一起。做母亲的很着急，再三劝服，孩子总是说不能分手。

当母亲的不能忍受，每天一睁眼，想的就是女儿在浪费时间，不好好学习。那么，很有可能，她将考不上理想的大学，或是干脆考不上大学。随后，便是一幕幕令她内心恐惧的画面。

孩子将没有一份合适的工作，只能在街边摊做小工。没有好工作，意味着找不到层次高工作好的男朋友，没有优秀的男朋友，就意味着女儿这一辈子都将很辛苦。结婚后不如意怎么办，生了孩子没钱给他好生活怎么办，20年后，失业下岗怎么办，那时她也老了，帮不上女儿怎么办？

悲惨的画面，像动画片一样，一页一页从她的眼前翻过，女人仿佛已经看到女儿让人揪心的生活，越想越难过，越想越焦虑。她不能再忍受下去了，于是母女俩在一次争吵之后，她指着女儿说："我不会再说你一句，你也不要再叫我一声妈。"

竟然说到做到，真的不跟女儿说话了。

转眼一年半过去了，女儿每天上学放学，回家吃饭做功课，进进出出，她不再跟孩子说一句话，家里的气氛，冷到了冰点。连丈夫都说，不想回家了。

女儿一直没有主动跟她认错，也没有跟那个男孩子分手。成绩一般，没有进步，也没有落后。她能看得出来，母女俩的冷战，让女儿并不好受。孩子一见到她，表情就很痛苦。

但就是不肯认错。

一年多的时间，她心里其实并不比女儿好受到哪里去。可是这就是爱呀，女人这样说："爱之深，恨之切。我只希望她能有一天明白我的用心，知道我不理她，其实只是爱的一种表达。"

不知道为什么，我们中国人，往往不会在特别快乐，极其平和，或是气氛融洽的时候，向家人表达爱意。

如果有一天，要说"我爱你"这三个字了，常常伴随着非正常的状况。

或是训斥，或是揍人，或提要求，或为辩白，或遇惊恐，甚至在有家人临终前，才会听到"我爱你。"

对孩子残酷暴力，将孩子活活打死的父母，如果能在孩子活蹦乱跳，呀呀学语的时候，常常温柔地将他抱在怀里，轻声但坚定地告诉过他："爸爸妈妈很爱你。"那孩子还会犯所谓让他气急败坏的毛病吗？还会偷钱去买零食，还会成绩一塌糊涂，还会欺负同学跟人打架，还会离家出走，沉迷网游吗？

不，一个时刻能感受到有人疼，有人爱，有人保护的孩子，他的心里，也会涌现出很多的爱意。他会因为爱父母，而不去做让父母伤心的事情。

同样，因为孩子不合自己心意，就用暴力惩罚的父母——不管是冷暴力，还是语言暴力，都是不会正常表达爱意的人。爱可以是甜的、酸的、苦的，但绝对不能是冷的、凶的、恶的，这些字眼，本身是与爱的本质相违背的。

大人，要弄清楚爱是什么，都不容易。何况，要孩子明白其中的道理，该有多难。

惩罚，可以很容易豢养出一个失去心灵自由的孩子，但要唤醒爱的能量，却是非常艰巨的。

最好的方法，就是将爱时刻挂在嘴边。简单而又轻松地，将它们说出口。

一岁时，他从床上滚到了地上，妈妈赶紧将他抱起来，搂在怀里，用手摸着他的背，一遍遍说：“妈妈爱你，妈妈爱你……”

4岁了，他在商场见到了一个玩具，一定要买。可是家里的玩具已经够多，没有必要再买一个，于是爸爸将他抱起来，一边向外走，一边对他说：“别吵，再吵要打屁屁了。爸爸爱你懂吗？”

10岁时，他跟同学打架，撕破了衣服。回到家，妈妈一边给他换衣服，一边批评他，不许他下次再跟人动手。说完这一切，会自然而然地亲亲他的脑门，说上一句：“妈妈爱你。”

18岁时，他离家去上大学了。父母送到火车上，叮咛唠叨了无数的话，这些话的中间，会自然而然带出这样的句子：“每天要按时吃饭睡觉，一定不要着凉，我们爱你，最好隔天能打一次电话。”

28岁，他结婚了。婚礼上，父母当着所有的人说：“我们一直都那么的爱你，从今以后，也会像爱你一样爱你的媳妇。”

38岁，他带孩子要出门去旅游，跟父母告别时，他抱抱他们，说“多加保重，爱你们。”父母则捧起孙子的小脸，说：“一路听话，爱你。”

48 岁，父亲去世了。临终时，他们彼此用“我爱你”做了告别。

53 岁，他和妻子的银婚纪念日，当着孩子，朋友的面，他对妻子说：“我爱你，老婆。”

……

这个世上，还有什么话，能比“我爱你”更有力量，更能包容？它深藏了责任、宽恕、勇气和幸福，几乎包含了我们生存的所有精神需要。是一个家庭最有营养，也最能带来影响的元素。

可是，我们却常常难以将这三个字说出口。反而更愿意代之以拳头，怒骂和冷眼。

当下，此刻，就是现在，让我们放下手里的一切，对孩子，对父母，说一声：“我爱你”。

双面镜

在超市里，正是过年前，人很多很多。推车都不够了，工作人员大声说对不起，尤其叮咛带孩子的妈妈，要领好自己的小孩子。

因为，换平时，年纪小一点的孩子，见妈妈推了购物车来，多会迫不及待地跳上去，坐在购物车里，就像是妈妈推童车一样安全和快乐。

最得意的是，当妈妈车推到另一辆车前，里面也同样坐着一个小孩子时，推车和推车遇到一起，就仿佛在公园里玩碰碰车。

可是今天没有车了，就意味着小孩子要被妈妈领着，一排一排货架走，跟着妈妈挑挑拣拣，比较来比较去。那些东西，大多是孩子不感兴趣的，在无数成人的腿中间走路，看不到更多的风景，又累又无趣，再转超市，就会成为一件很让孩子不开心的事情。

一个小男孩，四、五岁的样子，见妈妈手里提着购物筐，没有推车，立刻表示强烈的不满，扭动着身子，哭了起来。

“我要车，我要推车。我要坐推车。”

母亲个头不高，偏瘦，伸出手要拉孩子，不耐烦地嘴里说着：“没有车了，快跟我进去，给你买饮料喝。”

“不嘛，我要推车，我要坐推车。”

小男孩喊的声音越来越大，眼泪也流了出来。拍打着妈妈伸过来的手，身体也往后缩。

正巧堵在进超市的入口，人来来往往的，有好心人帮着母亲对小男孩解释：“没有推车了，你看大家都没有推车了。”

“不——”

小男孩大吼，声音可真是嘹亮，让人不由吃惊，不明白这小小的身体，怎么会发出这么响的声音来。

“不许叫，不许叫！”母亲失去了耐心，生气了，开始威胁。

小男孩索性放开喉咙，声嘶力竭地，大叫起来。

“不许叫！安静！”这是母亲的声音，其力度，并不比小男孩小到哪里去。

孩子哇哇地哭了起来，母子彻底闹僵了。

母亲再也不肯哄孩子了，她突然跺着脚，大喊起来：“安静！安静！”

这声音，不仅吓着了孩子，也吓坏了周围无数的人。孩子的哭喊声没有了，周围的吵闹声停止了，只听见这个母亲一遍遍的叫声：“安静！安静！安静！”

讽刺一样，一个大喊着安静的人，却正是制造噪音的人。想到那孩子的哭闹，再看看这个难以控制自己的母亲，突然就明白了一切。

想起一个熟人。

苦恼地对人说，还在上小学的儿子，实在是油滑世故，没有一点孩子的天真和清纯。

竟然从奶奶那里骗钱，假说父母生病，急着要钱。200多元，拿到学校，不买吃不买穿，却拿来收买人心，请全班同学吃零食，为的是选他当班长。

选了吗？有人问。

没有。这个当父亲的苦恼地说：“有同学去告诉了老师，老师认为问题严重，算贿选，还请了家长去学校谈话，我这才知道。”

那你怎么处理呀？

熟人说：“还能怎么处理？当然打喽。打得他屁股疼得下不了床，看他还怎么去学校丢人现眼。”

那老师呢，再没有说什么吗？

“他还有什么好说的？我过后又托熟人，请他出来吃饭，又送了他一瓶好酒。这事就算过去了。”

听到父亲这么说，终于知道儿子的油滑世故，来自何处。

电视里，在演一对母女。

母亲认为女儿得了抑郁症，坚决要送孩子去看医生。医生问母亲：“你为什么觉得女儿需要看病呢？”

母亲说她看到了一张抑郁症的测试表，就让女儿做了一下，结果发现90%都吻合。加上女儿这段时间以来，总是跟她处处做对，在家里百般不是，这不顺眼，那不舒服，谁也不许动她的东西，一碰就怒。

所以，她觉得孩子一定是得了抑郁症。

医生点点头，意味深长地问这个母亲："那么，那个关于抑郁症的测试题，你做过了吗？"

看到这里，我想大部分观众都明白医生的意思了，女儿之所以会偏激固执，其实正是来自于母亲的抑郁症。

孩子和父母，其行为方式，思维心态，总能一一照应。这面镜子，分明是双面镜，不仅能从孩子身上，看到父母的影子，也能从父母的做派中，看到孩子的问题。

家庭这座舞台，还真是值得观摩，每个人都有一本唱词，时而悲调，时而乐歌。先天遗传与后天环境，的确初步决定了一个人的人格和性情走向。但也有同母兄弟，同样成长环境下，性格南辕北辙的。这，又牵扯到教育与经历不断累积而进行的变化融合了。

对大部分孩子来说，父母就是他出门上学之前，正衣冠，辨污净的那面镜子，他们幼小的心里，很难建立起自己的人生哲学来，即便是其独特的悲情与欢愉，也多和镜子里面的父母有关。

对父母来说，孩子又是另一面镜子，他们的一言一行，总是辉映着自己的形象。尤其当孩子的行为出了问题，或是心里有了困扰，这面镜子，就需要将它变成放大镜，仔仔细细地，从平时自己最忽视的角落搜起。

曾有心理学家说过，每个孩子的问题，都能在家长那里找到答案。当孩子口出秽语，交友不慎，逃课厌学时，你是否可以从镜子中，看到自己不够平适的内心，或是行为中的不端？

相反，当孩子被同学老师夸为厚道老实，乐于助人，为人正直时，你又是否能从这面镜子中，看到自己父母的身影？

她为什么会成为沙袋

因为写情感专栏的文字，得以结识不少读者朋友。他们有时会给我写信，或是倾诉，讲述自己的情感经历和困惑。在这些故事当中，总有那么几个，和其他对错不清，矛盾不深的事情相比，显得特别令人揪心，也特别让人震撼。

家庭暴力，就是一种。

她30多岁，新婚之夜，就被丈夫毒打。从那以后，丈夫经常会对她动手。手段极其残忍、变态，甚至还当着孩子的面，凌辱她。

她想过离家出走，想过自杀，还想过杀了丈夫，但就是没有想过离婚。因为丈夫说，如果她要离婚，他就索性将她打死。

这是一个被家暴挟持了的女性，在电视里，杂志上，或是生活中，我们有时也能见到类似的女性。她们的精神，已经被称做亲人的那个人，彻底打垮了。在暴怒的拳头之下，她们只是阳光下的行尸走肉。

这些女人，大多都有共同的特点，那就是懦弱，消极，被动，悲观，没有勇气，对未来丧失信心，总觉得生不如死。

她们的眼神，无一例外地，都不坚定，但也谈不上温和，就像一个知道自己病情很重的病人，充满了无望，过一天算一天；她们的脚步，也很虚弱，总是低着头，驼着背，贴着墙根走路；她们说话不多，叹息不少，一开口，就散发出萎颓空虚的气息，并不需要他人的回应，并且不知该怎样接受外界的关怀和温暖。

和一些积极寻求帮助，找单位、找妇联、找警察、找邻居的女性不同，她们就像拳击训练馆中的沙袋，毫无个性，毫无怨言，理所当然地等着拳头一次次落在自己身上。

即便给专栏作者写信，也充满了矛盾和不安。觉得并不会有任何帮助，文字是那样的苍白、软弱、绝望，看不到愤恨，看不到决心，只有深深地自卑。

真的很像沙袋。

我问她，结婚前，是否意识到丈夫人格扭曲，有暴力倾向？

她说，那时的丈夫，表现得很爱她，总是说没有她就活不下去。那时的她，并不爱他，因为两人条件相差太远。但男人不肯放手，死死纠缠。而且，还强迫她跟他发生了性关系。

她多次说过想分手，他便在她面前表演苦情戏，拿烟头烫自己，烫得大呼小叫。她竟被深深感动，觉得他是一片真心。

却没有想到，结婚没几天，烟头就转了方向，烫到了她的身上。

我说，是啊，永远不能相信为爱自残的人，不管是男人还是女人。烟头会掉转方向，刀子同样也会。那些切腕自杀的女人，有一天也会将刀子对准别人。他们只是想胁迫别人就范，满足一己之利，与爱并无关系。

“既然不爱，他为什么还不许我离开他？”

“正像拳击手离不开沙袋一样，你走了，他再去哪里寻找这么好使的‘沙袋’呢?”

我的话说得毫不客气，却是因为怒其不争。实在想不明白，一个受过良好教育，有一份体面工作，还有一个可爱的儿子的成年女人，竟会对丈夫的家暴，毫无办法。这让我对她的身世，不由产生了好奇。我问她，她有父亲有兄弟吗?母亲还健在吗?对她被打，亲人们难道就不替她出头吗?

她说，只有一个母亲，可母亲岁数也大了，不想多事。只是告诉她说，离婚很不幸，孩子受罪不说，单身女人也容易遭人白眼。最好忍着，等男人岁数渐渐大了，一切就都会好起来的。

“我从不指望母亲会帮我什么，她自己也过得不好。”她说：“我只是恨自己，为什么这么不幸。”

这样的话语，让人不由不产生疑惑。因为正常的母亲，别说看见孩子挨揍，就是被人小瞧，都会心如刀割。自己受点委屈，都没有关系，但孩子遭受创伤，哪个母亲会大而哗之地说出“忍”呢?何况，这已是严重的暴力和犯罪，并不是什么小小的口角。

果真，几天后，她给我写来新的邮件。开头引用了一则社会新闻，新闻内容大致是重庆某女，离异单身，带着一个女儿，和比自己小十岁的男友结了婚。哪里知道，婚后不久，丈夫就强奸了她的女儿。面对女儿的哭诉，这个女人反而劝女儿不要报警，还一再为她犯下兽行的丈夫开脱。

她说：“这个故事，就是我的故事。只不过，强奸我的不是继父，而是我的舅舅。父亲长年在外打工，妈妈不愿家丑外扬，就睁一只眼闭一只眼，劝我忍下来。从14岁开始，一直到18岁，我出外去读书，这事才算结束。”

我大惊，继而突然明白了，她之所以会成为沙袋的原因。

因为从小遭受强奸，身心受到伤害，却没有在母亲那里，得到有力的保护和支持，她小小年纪，又无力反抗，于是只能逆来顺受。

“这个世上，没有人会替我出头，甚至连母亲，都不愿意管我。”这是深藏在她内心的一个看法，这看法使她孤独无助，消极软弱。

长期被轻视，被漠视，甚至说句被抛弃，也不为过。

这种性格上的懦弱和悲观，是很容易被有暴力倾向的男人盯住的，毕竟，他们也需要“沙袋”，需要有人做他们的受气包，满足他们的兽欲。

一个坚强、不畏暴力、或有永远站其身后的亲人支持的女孩子，坏男人不愿也不会轻易靠近的。他会本能地嗅到被拒绝、被蔑视的味道，会看到自己不受欢迎的那一面，在这样的女孩面前，他占不到上风，自然也讨不到便宜。

他们的死缠烂打，往往只对怯懦、胆小、勇气全无，总是自认倒霉的沙袋型女人，特别有效。

有时候，甚至会让人哀叹：这算不算也是一种般配？

父亲们都在忙什么

这是一封读者给我的邮件。

“儿子今年16岁了，青春期、反叛期，还是个多情种子，早恋了。女孩子家长发现了短信，找到我家里来，要我们好好管一管。按理说，女孩儿的家长没有去找老师找学校，做得还算理智，可偏偏上门那天，孩子的爸爸在家里。

他顿时暴跳如雷，勃然大怒，当着人家面，就对儿子拳脚相加。儿子不服，仗着个头超过了父亲，竟也出了拳头。

从这以后，父子俩不再说话，到今天已经半年有余。一旦出口，就是恶语相向。

我夹在中间，左右为难，很是难过。

儿子上高中，到了学习阶段的关键时期，连老师都说，孩子的情绪稳定，是比成绩更重要的东西，可家庭气氛却是这么的剑拔弩张，他又怎么能安下心来，好好学习？

老公工作繁忙，已经很多年，和家人一起吃饭都成奢望，更别提和儿子有什么交流了。他最厌烦家务事打搅到他，现在是一提起儿子就摇头，不许我说，还说等孩子上了大学，就跟他断绝父子关系。

我是母亲，也是妻子，明明知道这样的关系，很不正常，却没有办法。

儿子不肯服软，老公更是受了莫大委屈，两人成了不共戴天的仇人。

这么些年，孩子的事情，基本是我在操心。开家长会、送他去补习班、买辅导书籍、病了去医院、家里一日三餐、学习成绩的动态、交的朋友性格怎样、每周运动时间的安排、街上流行穿什么、收藏什么样的漫画……

孩子的一举一动，所思所想，我都知道，所以，我和儿子的交流还算不错。早恋这事，在我看来，问题并不算大，因为儿子心地单纯，也乐意照顾女孩子，他一定会珍惜这段感情，不会胡来。毕竟十几岁的孩子，就像小猫小狗的爱情，并没有我们大人想象的那么恐怖。

按我的处理方式，我不会责怪儿子，而更希望他能因为这个女孩子，拥有责任和承担的勇气。

没想到他爸爸的暴怒，将这件事情，弄到无法收拾。最糟糕的是，儿子也不怎么跟我说话了。

我求过老公，希望他能主动去跟儿子谈一谈，他吹胡子瞪眼睛，说自己整天到晚那么辛苦，哪里还有心情伺候儿子！

看看周围，象我这样的家庭情况，不在少数。因为父亲工作忙，很少跟孩子交流，渐渐变得越来越难以沟通。

十几岁的男孩子，本身又特别地自尊。现在和父亲僵持着，心情也很不好，回到家难得见到笑容。

我该怎么办呢？

确实，正如这个妈妈所说，像她家庭中的情况，在当今时代，并不算少。

不知什么时候开始，中国的父亲，在孩子的成长过程中缺席，已经成了一种默认的状态。去参加家长会就知道了，就跟妈妈会似的。爸爸们都太忙，谁知道是真忙还是假忙，也不知道在忙些什么。很多年里，从来也不在细节上参与孩子的教育，突然发现局面失控，就吹胡子瞪眼暴跳如雷，还当真以为孩子会服气？

现在的孩子，比父亲高，比父亲壮，比父亲新词多，别说动起手来，就算动嘴，老子也根本不是儿子的对手。他们是看在对方是父亲的份上，才没有跟他死磕，所以，从这点上讲，儿子不跟老子斗争到底，是让了爸爸一局的，父亲应该明白这一点才对。

看起来是父亲和儿子的矛盾，其实根源还是在社会，什么样的社会，对矛盾就会有什么样的化解能力和承担能力。

我们这个社会，近二、三十年，明显不够正常。从幼儿园到敬老院，都在打盯人战术，难道非得人踩人才能活出个名堂来？

到处都是紧绷的人际关系，家庭又怎么能逃脱得了？

难怪会神经脆弱，动辄就怒。

很多父亲认为，只要给孩子提供足够的物质满足，就算尽到了责任。孩子被放到了教育产业化的流水线中，被迫接受消灭个性的大众教育，其结果就是，孩子是他的，但孩子的精神世界和情感世界，却是他所陌生的，这对父母来说，该是多么悲哀的事情啊。

怎样当一个合格的父亲？九十多年前，鲁迅就曾写过类似的文章，近一个世纪过去了，我们发现，他所抨击的现象，仍然存在。孩子出了问题，父亲们很少在自己身上找原因，平时对孩子关心甚少，望子成龙的愿望却异常坚定，甚至呈现出偏执、自私和不切实际的一面，基本属于精神病范畴，当然也就会漏洞百出。

他们不尊重孩子的愿望，不关心孩子的快乐和疼痛。青春期的凄风苦雨，他们都经历过，但好象扭过脖子，就全都忘记。根本不知道孩子在想着些什么！

孩子为什么会与大人顶撞，为什么拿父母当敌人，衣食无忧，却为什么不快乐？为什么在某些场合，他们会对冠冕堂皇的成年人蔑视不恭？

父母不懂的，实在太多太多。

这不仅是社会的失败，体制的失败，当然也是父母亲的失败。面对这样的失败，难怪会说考上大学后就跟他断绝关系——还真是会推卸责任啊。

做为母亲，或妻子，让丈夫参与进家庭生活，应该也是女人的重要的工作任务。不能怕打搅到丈夫的好心情，耽误他升官发财，就只报喜不报忧。

得让丈夫学会关心孩子，在儿子成长的细节上，尽到责任。

只有这样，他才能学会跟儿子交流，也才能让儿子找到学习的榜样和生活的力量。

事实上，有了孩子之后，关于孩子成长的交流和付出，在夫妻感情中，是很重要的部分，不可或缺，从爱情到亲情，也正是在这个过程中产生的。

家庭中，父亲或母亲角色的缺失，并不亚于第三者的破坏。它同样能像一场飓风一样，使一个家庭摇摇欲坠，危机四伏。

何时才能准备好当母亲

一个女演员，出了一本新书，正在电视里，和观众互动。

除了关心她写的书，演的戏，也有人好奇她的个人生活。

问她有没有丈夫，有没有孩子，平常不演戏、不写书、不旅游、不出通告、不出国的时候，又做些什么？会在家里做饭吗？会带孩子去公园里玩吗？

女演员的表情，突然冷下来，她沉吟了片刻，说：“工作太忙，一直没有机会，成家生孩子。”

“可是你不觉得40岁了，应该做这些了吗？”

总有这样的观众，比狗仔队更执着，非要问出三六五来。“你喜欢孩子吗，你准备嫁个怎样的男人，你会为家庭做牺牲吗？”

女演员踌躇片刻，终于说：“我想我还没有做好准备当母亲。”

这则消息，随后在网上发表出来。有观众在后面点评，语气相当地不解。

“生孩子是水到渠成的事，怀孕了，生就是了。有什么要准备的呢?”

是啊，难道不是很多女人，都是20多岁，就结婚。结婚后不久，便怀孕，于是生下孩子，从此忙忙碌碌做母亲。到了女演员四十来岁的年龄，孩子都已去上了大学。

连载人飞船，都没有准备得天衣无缝的时候，都会临时出状况，甚至当空爆炸。

做母亲，要怎样准备，才能算是准备好了呢?

充足的时间?

优良的卵子和精子?

爱心?

足够的钞票?

一生的幸福?

……

要怎样，所谓准备，才能算是尽善尽美?

是想给孩子一个毫无遗憾的人生吗?还只是，因为担心自己给不了，所以感到恐惧?

可是，正如来到这个世上的所有人，谁不是且行且思，且行且寻的呢?并没有见到谁，因为父母准备得好，便无忧无虑，从此活得赛神仙。

每个人，也许物质享受上，会有所不同，但内心的忧虑、困扰、不如意的程度，却并没有太大的差别。

女演员说出没有为做好准备当母亲的话来，可能只是另有所指。

果真，随后看她的书，里面写到原生家庭的问题，让她敏感自尊的内心，相当地不安。

原来，母亲是地方戏的演员。长年在外演出，春节也不回家。父亲身体不好，性格懦弱，收入也不算高。所以，母亲在家中地位很是强势，加上在家里的时间很短暂，不大习惯家庭生活，对带孩子，更是缺乏耐心，一说什么不对，就冲她和哥哥发脾气。

又特别爱漂亮，总是穿戴入时，在外面演出一年，也拿不回家几个钱。父亲虽然对他们还好，可家里缺了母亲，孩子的内心，总是空落落的。

“本质上，她可能一直是个没长大的女孩，想要什么就要什么，想做什么就做什么。我到现在，才明白，她不是个好母亲。这也让我对自己能否做个好母亲，充满了疑惑。”

人们常说，爱是学来的。

亲子之爱，夫妻之爱，朋友之爱，高堂之爱……从出生，到长大，我们总是在人们的各种关爱中，慢慢学习着为人处世之道。

当然也包括怎样去爱。

在学习爱的过程中，家庭扮演着不可忽视的作用。

如果，一个人，在父母那里，感受过很多天然、自在、舒适、深厚的爱，他很自然地，就会将这种酣畅淋漓的爱的方式，投入在自己孩子的身上。

如果，一个人，在父母那里，感受到的爱，是变了味的，是扭曲的，是内心不快的，甚至是不愿回首的，他在爱的学习上，就是有所欠缺的。他不大会舒展地运用自己的爱，以至在是否要孩子的问题上，也会胆怯退步，生怕自己没有能力做好父母。

其实，这样的怀疑，是毫无必要的。女演员更多的只是因为敏感，而放大了父母之爱中的负面影响。

以至对自己的爱的能力，产生了惧怕和怀疑。

因为对父母的失望，因为对爱的强烈渴望，或者说，因为不熟悉正常、温馨、朴实、健康的父母之爱，所以在心里，就将合格父母的标准，设定得非常之高。在脑海里，幻化出了一个十全十美的母亲的形象来。

可其实，世上并没有完美的父爱和母爱。所有的母亲，也都是在养育孩子的过程中，摸索学习着如何做一个好母亲的。

这里面并没有什么标准化的程序，家中孩子性格的不同，也会让她使出不同的方法来，不同生命阶段，所遭遇的情感状况不同，她教育孩子的方式，也会有所不同。

如果硬要说，做母亲的需要什么基本素质的话，那也有，就是一个字：爱。

有了爱，就会有耐心，肯牺牲，能理解。

就会不仅接受孩子好的一面，也会接受孩子不好的一面，就会欣赏孩子的天真，也会痛苦着孩子的痛苦。

有了爱，无论她的行为方式，多么乖张，多么幼稚，甚至多么霸道，孩子都是能被感动，也能欣然接受的。

怕的是，在爱的名义下，怎么也掩饰不住的自私冷漠和虚伪。

这，才是爱当中的毒素，会浸润心灵，夺去爱的能力。

这些负面的东西，并不是与生俱来，注定伴随一生的。也有很多人，对待孩子的方式，和父母对待自己的方法完全不同，其实就是一种有意识地消解。

“没有准备好做母亲，”这句话的背后，可能是还没有准备好对过去不满的生活，进行勇敢地剥离。

甚至还眷恋着那些不快乐，在长期的阴影当中，习惯着童年的感觉。

做母亲，也需要有一颗平常心，既不需要神话，也不需要去刻意钻研。正像瞌睡，正巧来了，那就让它来吧。

恻隐

在公交车站等车，正是孩子放学、职员下班的时候，人来人往，车流不息。公交车牌的下面，更是站满了人。突然听到有大人呵斥孩子的声音传过来，和着十几个人，一起转头向声音的发源地看去。

果真是一对母子，坐在车站的椅子上。

孩子最多6、7岁，长得瘦瘦小小，蓝色的校服穿在身上，空荡荡的，竟显出一种老气来。母亲30出头，梳马尾，大众化的连衣裙，大众化的面孔，神情多少有些憔悴，因为正在训斥儿子，这份憔悴里，加进了焦虑、不满、恼火，一时显得更憔悴了。

大家的眼睛都盯在他们身上，耳朵里听见的，也都是母亲高亢的声音："说过多少次了，你为什么还要这么做？就不能举手告诉老师吗？"

"你是不是不知道什么是害羞啊？也不知道脏啊？"

"知道不知道这样做别人会讨厌你的啊？你的猪脑袋里，到底在想什么？"

"这已经是第几次了？你没有记性吗？回家是不是还想狠狠被揍？"

母亲在大声叫喊，因为气极，脚在地上也使起劲来，说到用力处，就会跺几下，儿子则脸色苍白，一动不动，两只手压在屁股下面，眼睛直直地望着街道，似乎不仅没有听进母亲的话，连身边热闹的人群，也视而不见。

听得时间长了，终于明白是怎么回事。

原来孩子在学校里，将小便尿到了裤子里。可能是因为在上课，尿急，又怕老师不允许去厕所，一时没有憋住。

而且看样子，类似的事已发生不止一次。

听到男孩子做了这样的事情，周围的人，立刻就躲远了一些。当母亲的仿佛有了“支援”，立刻对儿子说：“你看看，是不是谁都讨厌你?”

确实有一些“观众”会津津有味地欣赏着儿子的窘态，但更多的人，则会走远开来，车一来，不再关心这街头训子的一幕，而是登上公车，绝尘而去。

我属于后者。

我想和很多人一样，我并不喜欢看到这样的母亲，这样的儿子，这样的场景。他们的样子，让人心里很不舒服，这份不舒服，不是因为儿子尿了裤子，母亲犯了急躁，而是传达出了一种亲人之间的冷漠、粗暴、残酷。

罗素曾经说，人之美德，第一条便是同情心，接下来，才是爱，才是知识。可曾几何时，我们甚至在为人父母的身上，也看不到恻隐之心了?

这个当街大声责骂孩子的母亲，在我看来，就是一个缺乏同情心的女人。

她只顾自己痛快，却没有注意到孩子在这样的骂声中早已摇摇欲坠，他害羞得恨不得找个地缝钻进去，他甚至产生了幻觉，羞辱和痛苦，让他麻木了，他以为自己不是当事人，也不在这难堪的现场。可他这木呆呆的表情，却更激发起了母亲的“表演欲”。

她以为这是在为儿子好，却不知自己无知的做法，已经将小小的儿子，推得离她更远了。

如果这个母亲会设身处地，会换位思考，能稍微知晓一点儿子的需要，她就不会选择用这种方式来对待孩子。

她可能会立刻对孩子说，没关系，下次我们注意。

或是很快脱下外套，缚在儿子的腰间。

如果方便，会先去买条裤子，给孩子换上。

去找老师，告诉老师，可以在上课中间提醒孩子，谁要上厕所，请举手。

看着儿子，对他说，答应妈妈，下次我们课间先去厕所好不好？

最主要的是，她不会给孩子任何压力。即便儿子表现得很是难堪，她也会保护他的自尊和自信，她会说，这样的错，谁都会犯，甚至善意地编出谎来，告诉他，爸爸小时候也做过类似的事情。

事后，检讨给孩子喝多了饮料、为孩子检查身体，看看是否体虚、悄悄在学校存放一条裤子，下次可以让孩子先换掉……

无论哪一种方法，似乎都比当街训斥孩子要更合理、更善意、更人道。

也许这个母亲，会对我这样的说法，表示反对，她会说她这样当众羞辱儿子，只是为了让他吸取教训，以后不要再犯类似的错误。

也许她还会说，这样当街嚷嚷，她也丢了脸面，陪上了和儿子一样宝贵的自尊。可怜天下父母心，她这么做，完全是为了孩子好。

也许她还会说，我哪里做错了呢？难道我的父母不就是这么教育我的吗？从小住的环境拥挤，没有谁家会有隐私之说，小孩子犯错，哪家父母不是这样声嘶力竭，大声训斥的？

是的，很可能，这才是问题所在。

她正是没有在父母那里，得到过恻隐之情，才让她的同情心，有所缺失。

她无法体察入微到别人的想法，甚至连对自己的儿子，也不能做到将心比心。

同情，或是恻隐之情，其实是一种爱的能力。它并不仅仅是一种生存技巧，或是某种与人亲善的策略。

只有那些会爱自己，也爱他人的人，才有这样的能力，同时才会发自内心地，替他人着想。

这样一想，渐渐觉得这个母亲的状况，并没有比儿子好到哪里去。

那些总觉得自己是天下最不幸的人，往往正是缺乏同情心的人。为这点小事，她就如此大动干戈，不正好验证了她内心的虚弱？

我想，那些和我一样，不忍心再看这“严母训子”的人们，除了感觉不舒服、不自在、可怜那个小儿子之外，是不是也有一些对这个母亲的恻隐之心呢？

露出脚趾的爱

《傲慢与偏见》是奥斯汀最成功的作品之一。书中她借贝内特小姐的口说：“没有爱情千万不要结婚。”

也许，你会说，这是多么古老的婚姻模式啊，现在男女，讲究平等，只要脾气对味，条件合适，看着顺眼，就能结婚。

谁还管爱情呢，那也太累人了吧。

是，我们总是容易将真爱与浪漫的爱混淆起来，以为爱就是涌动的海洋，泛着白色的泡沫，充盈着彼此的酒杯，却忽略了，爱当中也会有孤独、疏离、甚至枷锁。

在某种意义上，妇女运动，为我们理解真爱指明了方向，那就是夫妻双方需要奉献和关心，需要为彼此的成长，付出努力。而这个方向，最需要的，就是对对方的尊敬、爱戴和感激。

最近，我接到了这样一封读者来信：

和他又吵架了，这次的导火索是某同事发来的四条暧昧信息。

事实是，我跟短信那头的人关系不一般，我会跟他说很多心事，他也喜欢我，但是他有家有子；我们经常发信息，也有过私下幽会。我老公是80后潮汕人，且是独子。我们的婚礼在城中最高级的5星级酒店举行，大宴700宾客。而且，他家在城中豪宅有置业。

我在同龄人中至少是10%的优秀，虽然个子不高，但是身材匀称健康，笑容和声音都很甜美，脸蛋也算漂亮，且家庭教养很好，为人处世也很有分寸。

我们因为急于父母的催促和年龄尴尬（都快30了），赌博一样地结婚了。当然，前提是，我们彼此还是喜欢的，但是离深爱，还有很大距离。

我在他身上得不到情感期待，因为他总是忽略我的感受，总是冷漠对待我的小情绪和小心思，觉得那不值一提，总是对我为婚姻做出的牺牲认为理所当然（包括容忍和他父母同住，容忍他半夜三更谈生意不回家，容忍他对家里大小事务一概撒手等等）。我们也没有太多共同的兴趣，比如我觉得旅游很有意思，他就觉得一定要哪里有生意可做才会去，否则就是浪费时间。

今天的结果是，他对我重申了3条原则：1，他不会因为这次以后就不看我的手机，因为我们的信任要重建，这是督查的手段之一；2，他无法保证自己在肉体上不出轨，因为他的圈子里朋友逢场作戏的生意人很多，如果不参与就没有办法融入他们打开局面；3，如果我仍然认为要在其他人身上找他没有办法给的情感依赖和寄托（哪怕只是一小部分），我们就趁早离婚，他不是我要找的人，他也没有办法容忍这种做法。说的很绝，也很严厉，我当场就被怔住了。

但是回头一想，我何尝不是这个婚姻的受害者呢？他在点滴的生活中没有给我想要的关怀爱护和谦让，也没有让我看到他的事业心和家庭责任感，反而是一味的懒散和拖延，我每天早晨起来他在睡懒觉，我晚上休息他还没有回，公婆总催促快点要小孩，殊不知他还在外面喝酒而且完全不顾我的周期ML，以至于我的妇科病加重；每次吵架基本都是我先求和，他爱理不理地一笑置之。

当爱和婚姻不相配时，就像露出鞋子的脚趾。

有人喜欢漂亮的鞋子，就顾不上舒适。有人只想要舒服，却不管漂亮。小鞋穿久了，脚不是变形，就会想办法顶破鞋子，让脚趾露到外面。而鞋子总是不够漂亮的，又会遗憾自卑，站在人群中，忍不住就会缩头藏脚。

这桩婚姻中，房子、钱、相貌、地位，样样都有，什么都不缺，唯独缺了深爱。

没有爱，他就无法给她想要的理解和关怀、尊重与诚意，他就不屑于她需要的那些小情绪小感觉。

那么她呢，何尝不是一样？没有深爱，她就不能原谅他的粗俗和麻木，没有理解，则无法体察他为金钱而割舍的感性与柔情。

她拿自己的美貌，换取了舒适的婚姻生活；他则用金钱，买了一个花瓶，放在家里。

盛在婚姻这个碗里的，除了叮冬作响的金钱，还有什么？

如果，两人都是只喜欢听这钱币落碗的清脆声，每听一下，幸福感就能增强一个当量，自然最好，偏偏，她想要的，是描金画银的碗里，盛放着浓浓的爱情。

他无法给她，她的心里，对他就鄙视到了极点。鞋子是这样的夹脚，如果，在不破坏鞋样的基础上，让脚趾伸出来透透气，总是可以吧？

偏偏，露出脚趾的婚姻，不是丑闻，就是分手。他对她说出那样的狠话，又有什么不对？

前些日子，网上流传杨澜告诫女儿的几句人生箴言。其中有一条，说是女孩子，要学会利用能帮助到自己的男人。

杨澜看到后，出来辟谣。说这绝对不是她的话，也和她的价值观，有根本的不同。如果非要对天下的女孩子说点什么的话，她只有一句话可以说，那就是：“去找一个真心相爱的人结婚。”

真心相爱，才是婚姻最基本的要素。有了对那个人的爱，而不是对他口袋里钱的爱，她才会敬重他，理解他，扶持他，并且愿意为他牺牲，甚至忍受寂寞、孤独和贫穷。而他，也才会疼惜她，保护她，支持她，并且愿意为她辛苦操劳，甚至忍受屈辱、痛苦和病痛。

多么古老的爱情法则，只是世世代代，总有人要弃之不顾，视而不见。等到脚痛得无法忍受，脚趾露在外面，风吹雨打，却找不到合适的鞋子来配时，又要苦苦追问，苍天啊大地啊，为什么倒霉的总是我？

想知道心里是否有了真爱吗？那就问问自己，这个男人，是否让你为他骄傲，是否值得你永远尊重，他是否能成为你的太阳，照亮你前行的道路？

美国有个女诗人，谈到夫妻关系时，曾写过这样一句诗：“你我合而为一，我将终身感激。”

在我理解，这份感激，就是敬意。而它，就像结实的麻，暖人的棉，柔韧的皮，能将我们的脚包裹得舒适、自在、清爽、干净，它是这样的合体温暖，以至于你会忘记它的外形是否漂亮，而只是更愿意长久地停留在抚慰与安全当中。

这样的鞋子，对脚来说，才是最合适最般配最耐穿的。

婚姻美如斯。

不可缺失的爱

看电视，有这样一则故事，发生在香港。

他出生在富裕之家，从小衣食无忧。19岁时，父亲却突然染上赌瘾，将家用全部赌光不说，房子也被押了出去。他正在读书，受此影响，只能辍学回家，带着母亲，租房打工。家道一落千丈，仅够维持简单的生活。

带走母亲时，他痛斥父亲禽兽不如，坚决和父亲一刀两断，发誓再不来往。

从那以后，他发奋图强，将所有的心思，都放在重振家业上。转眼20年过去了，他再没和父亲联系过，父亲也像从人间蒸发一样，没有找过他和母亲。

可是，生活好起来的同时，他内心的缺失，也越来越大。那个被撕裂的口子，随着血水，分明流出的是“父亲”二字。

真的能做到不再理睬他吗？真的能做到从此心里不再有父亲这个人？

这曾是他主动割舍，后来一直缺失的亲情，此刻，却成了内心最放不下的疼痛。他的梦里开始不断出现父亲的画面，小时候带他一起玩，一家人吃饭时，父亲也在场。或是父亲生了重病，躺在一个不为人知的角落，苟延残喘。

他再也受不了这样的折磨了，悄悄地，他开始寻找起父亲来。

然后，母亲生日那天，他将父亲带回了家。一家人，终于又团圆了。

父母和孩子之间，彼此的需要，不仅仅是一种情份，或是一种血缘，而是发自灵魂的生命需求，正像天空和大地，植物和阳光，它必是自然地、不可违抗的联系。无论是主动，还是被动，都无法斩断。

梅子就是明白这个道理的一个女人。

丈夫也是在另有所爱后，离她远去。她带着10岁女儿，独自生活。

前夫很快就有了自己的家，而且很快有了新的孩子。他的心思，完全不放在女儿的身上了。而且，不知道从哪里来的理论，竟认为和女儿见面太多，会影响与新妻子的家庭关系。

梅子对前夫早已恩断意绝，仅从她自己的角度考虑，她是一辈子也不想见到他的。

可是为了女儿，她不能这样做。

孩子不能缺失父爱，要像其他的小孩子一样，有母爱，也有父爱。何况父亲的角色，对女孩子来说，极其重要。会影响到她以后找男友、谈恋爱、结婚，会影响到她对男性世界的看法和了解。

每星期，一到周末，梅子都会主动联系前夫，请他过来看看孩子。

前夫开始还来，后来渐渐推托，不是出差，就是生病。

即便和女儿在一起，担心新妻子会不高兴，也很少跟孩子说话，不是看报纸，就是看电视。

女儿的家长会，再也不去了。孩子的成绩，也不再关心。

到了寒暑假，梅子希望他能带孩子出去玩玩，他像看怪物一样看着梅子，觉得这要求好荒诞。

“别的女人离了婚，都恨不得将孩子藏起来，不再让父亲看一眼，你倒好，这么没完没了，算什么?”

梅子对前夫说：“即便你是个不合格的父亲，即便你待她，不如待现在这个孩子更好，你都得来看她。我送她去你那里，跟你在一起，并不是像你想的那样，要破坏你的家庭，而只是为了孩子，她还小，心理上，有对父爱的需求，现在你不给她，将她的这个需要压抑住，等她长大一点，就会找到另外满足的渠道。对男性的认识，又不够全面和健康，这怎么会不影响到她的生活呢?”

事实确实如此，自从知道父母离婚后，女儿对父亲的关心，似乎比之前要求更多。她生怕会从此失去爸爸，谈起爸爸，也变得极端脆弱和敏感。

梅子能更多从孩子的角度出发，考虑到孩子的心理需求和长远的发展。

虽然前夫不大理解，但因为有梅子的保证，加上对孩子的怜惜，渐渐明白了这其中的道理，开始对女儿的事操心起来。

梅子说，从自己的内心讲，她一百个不愿意去见女儿的继母，但是孩子要经常去那边，她必须帮着孩子，营造一个比较和睦的环境，才不会带给女儿心理负担，尽可能少地，给她造成阴影。

梅子的理性，不仅表现在待前夫的态度上，同时她也很注意，从不当着孩子的面，说前夫的坏话。她不想给孩子留下有个坏爸爸的印象，毕竟，哪个孩子都不想有个坏爸爸是不是？

因为梅子的故事，对国外一些收养孤儿的父母，也有了更多的理解。

他们从不隐瞒孩子的国籍，也不隐瞒他们是被收养的事实。他们会在孩子懂事之后，带着他们回到故乡，看看那里的山山水水，让他们对自己的身世，有点了解。等孩子大了，如果他们愿意，养父母也并不会刻意阻止他们去寻找自己的亲身父母。

这样去爱孩子，是因为他们懂得，他们并没有权利，随便剥夺孩子的父爱或母爱。

那些因离异，不许另一方再看孩子的父母，分明是将自己的愤怒，发泄到了正常的亲子关系上面。

父爱和母爱，很像是孩子飞翔的两只翅膀，缺了一边，都会带给他成长的不平衡。我们见到多少因父爱缺失，在恋爱婚姻上，走向偏执的女孩子，也见过多少从小缺乏母爱，长大后冷漠自私，不会尊重女性的男人啊。

少年时缺乏的关系，给他们本人带来的，是一种不正常的生活，缺失了一块，就会用一生的时间，去补漏去强化。对能自省的人来说，他会做一些纠正，多一些努力，但对很多完全不自知的人来说，也许一生都会在自伤和伤人中度过。

到那时，再后悔，还来得及吗?

爱的“绊脚石”

电视里正在演一则社会新闻，16岁的女儿，跟母亲吵架，气极之下，举起身边的菜刀，就朝母亲的头上砍去。幸好一边的父亲手快，拦了下来，才没有酿成更大的悲剧。

有人够八卦，打电话去电视台爆料，记者很快抗着摄影机来了。母亲的额头，缠着绷带，一脸的愤怒，女儿呢？并不见愧疚或是担心，同样是一脸愤怒的表情。

记者问女儿，为什么会冲母亲举菜刀，女孩子说话语速很快，讲道：“我15岁就打工为家里赚钱，每月所有的钱都交给母亲。最近我交了一个男朋友，她担心我会将钱拿给那个男的用，于是就天天骂我，让我跟他断绝关系。我不干，她什么难听话都骂出来，骂我是妓女、贱货、不得好死。骂得我头昏脑涨，砍她的时候，我都不知道自己在干什么。”

镜头转向母亲，母亲挥着胳膊，语气坚决：“我不会再认她了，连妈妈都敢砍，哪个还会要她？滚出去，再也不要让我见到你。你的钱，我也不会要。你这个人，我也再不要见到。”

女儿到底还小，听了这话，忍不住掉了眼泪。在记者的劝说下，凑过去叫了一声妈，当妈的却不领情，面对镜头，声嘶力竭地诉说，无非是自己多么不容易，生孩子不容易、养孩子不容易、教育孩子更不容易。大女儿前些年跟一个男人跑了，被抛弃被欺骗，现在生不如死，小女儿年纪轻轻，又谈恋爱，她是担心她不会有好结果，所以才坚决反对，要将她的每一分工资，都收回来。

记者问："那你想过没有，孩子大了，有自尊心，也有她选择爱情的自由。有什么问题，好好讲不行吗？"

妇人听了这话，仿佛受了委屈，嚷道："我做了什么孽啊，生了这么几个债主，没有一个是抱恩的，全是累赘，全是克星。早知道今天她会砍我，不如生她下来时，我就掐死她。"

咬牙切齿，令人胆寒。连口若悬河的记者，都不敢再问下去。

还有一个女人，写邮件来咨询我。

说自己早年离异，带着6岁大的儿子，一直独自生活。前些年频繁被亲友介绍对象，也见到了几个不错的男士，确实动了想再婚的念头。

只是身边的孩子，显然成了包袱。那些男人，对她表示满意的，却都不愿意做继父。认为辛辛苦苦拉扯大，归根结底，还是别的男人的种。有些人想得更长远，担心儿子以后升学结婚，都会是一笔不小的费用。等自己老了，人家会不会拿自己当亲爹，一切都是未知数。

于是，女人的亲友也都劝她，如果要再嫁，不如将儿子送到前夫那里去。

一方面女人确实觉得自己需要再婚，另一方面也舍不得放弃儿子。可是现实就是这么残酷，权衡再三，她将儿子送到了前夫那里。自己又再婚了。

儿子却不愿意呆在前夫那里，因为和继母合不来。只要有机会，就会跑到她这里来。几次后，丈夫的脸也吊得好长，言谈中对她和儿子都不客气起来。

孩子从此对她和亲生父亲都恨之入骨，不仅对他们冷嘲热讽，还交往起社会上的一些无业青年，不去上学，整日瞎混。

女人担心无比，却又不知自己该怎么才好。她问道："难道我为自己着想，是错了吗?"

因为有这些故事，所以，再看到吴伟这个女人时，就觉得分外感动。

8 年前，吴伟生下了一对双胞胎女儿，却没有想到，这对漂亮的小姐妹，竟是脑瘫患儿。

丈夫受不了长期而无望的治疗压力，终于离家出走。从此，她一个人，带着两个残疾孩子，做康复治疗。只要有一线希望，也不放弃。

她没有工作，没有收入，为给孩子治病，卖掉了房子。但最感人的却是，她那年迈的父母，也一直陪伴在她的身边。并拿出养老的所有积蓄，连一家人挡风遮雨的房子，也卖掉了。

吴伟之所以会成为一个不言放弃的母亲，其实是和她的父母有关的。当她遇到困难时，他们义不容辞、倾尽所有地站在了她的身边。这，就是最好的榜样和力量。

生活中，有些女人，会将子女当做绊脚石。孩子成绩不好、相貌丑陋、不够聪明，身体残疾，都可能成为她的难言之隐，变成她追求幸福路上的障碍。虽然人们总说，天下的母爱都是无私的，但其实并不总是如此。生活中，的确有女人，为了保全自己的颜面，或是虚荣心，对弱小的孩子或咒骂、或暴力、或否定、或放弃。

甚至，还有杀害。

日本电影《人证》里，女主人公为了维持住自己贵妇人和知名设计师的地位，不惜将自己和美国大兵的私生子杀掉。据说，这故事本来就有原型，当孩子成了她功名路上的绊脚石时，宁可除掉。

乱世，对一些人来说，是逐禄驰名的猎场。为图近利，舍弃亲情，让内心挂起算盘，让贪婪抹黑朴素的美德，极尽恶毒、刻薄、尖酸之能事，给亲人以心灵的重创。

却未曾想到，那么努力地想搬掉绊脚石，收获的却并不总是幸福。母亲骂孩子猪狗不如，孩子稍微懂事，便将母亲也视为粪土，或鄙视、或轻蔑、或远离、或仇恨。

最后得到的，唯有荒凉和难堪。

看多听多了类似的事，忍不住会联想到身边的很多人，也包括自己。

我们对亲人，是否也有过怒不择言的时候？事业当前，是否也有过牺牲孩子；因功名荣誉，远离病床边父母的时候？

这，又算不算“绊脚石”之一种呢？